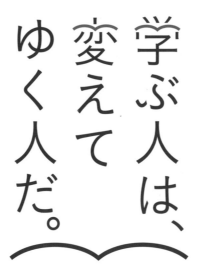

学ぶ人は、
変えて
ゆく人だ。

目の前にある問題はもちろん、

人生の問いや、

社会の課題を自ら見つけ、

挑み続けるために、人は学ぶ。

「学び」で、

少しずつ世界は変えてゆける。

いつでも、どこでも、誰でも、

学ぶことができる世の中へ。

旺文社

最高クラス

問題集

さんすう
小学1年

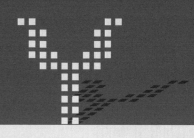

旺文社

目　次

編集協力　　　　　　有限会社マイプラン
装丁・本文デザイン　及川真咲デザイン事務所
校正　　　　　　　　株式会社ぷれす，吉川貴子，小口諒子

中学受験を視野に入れたハイレベル問題集シリーズ

●中学入試に必要な学力は早くから養成することが大切！

　中学受験では小学校の教科書を超える高難度の問題が出題されますが，それらの問題を解くための「計算力」や「思考力」は短期間で身につけることは困難です。早い時期から取り組むことで本格的な受験対策を始める高学年以降も余裕を持って学習を進めることができます。

●３段階のレベルの問題で確実に学力を伸ばす！

　本書では各単元に３段階のレベルの問題を収録しています。教科書レベルの問題から徐々に難度を上げていくことで，確実に学力を伸ばすことができます。上の学年で扱う内容も一部含まれていますが，当該学年でも理解できるように工夫しています。

本書の３段階の難易度

★　　標準レベル … 教科書と同程度のレベルの問題です。確実に基礎から固めていくことが学力を伸ばす近道です。

★★　上級レベル … 教科書よりも難度の高い問題で，応用力を養うことができます。

★★★ 最高レベル … 上級よりもさらに難しい，中学入試を目指す上でも申し分ない難度です。

●思考力問題で入試で求められる力を養う！

　中学入試では思考力を問われる問題が近年増えているため，本書では中学受験を意識した思考力問題を掲載しています。暗記やパターン学習だけでは解けない問題にチャレンジして，自分の頭で考える習慣を身につけましょう。

問題演習

標準レベルから
順に問題を解き
ましょう。

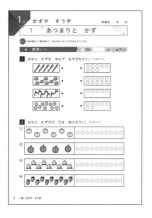

思考力問題に
チャレンジ

問題演習を済ませて
から挑戦しましょう。

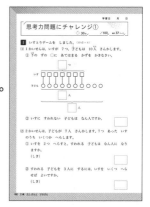

復習テスト

いくつかの単元
ごとに，学習内
容を振り返るた
めのテストです。

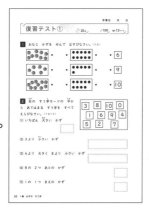

総仕上げテスト

本書での学習の習熟
度を確認するための
テストを2セット用
意しています。

解答解説

丁寧な解説と，解
き方のコツがわか
る「中学入試に役
立つアドバイス」
のコラムも掲載し
ています。

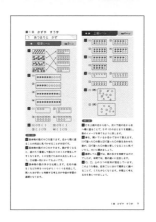

解答解説
編

これ以降のページは別冊・問題編の解答解説です。問題を解いてからお読み下さい。

本書の解答解説は保護者向けとなっています。採点は保護者の方がして下さい。

満点の8割程度を習熟度の目安と考えて下さい。また、間違えた問題の解き直しをすると学力向上により効果的です。

「中学入試に役立つアドバイス」のコラムでは、類題を解く際に役立つ解き方のコツを紹介しています。お子様への指導に活用して下さい。

1 あつまりと かず

★ 標準レベル

問題 2 ページ

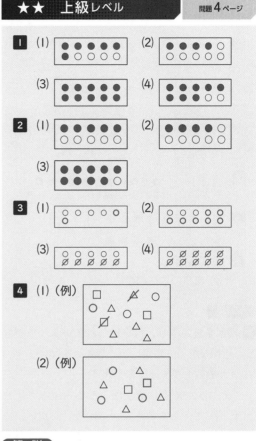

解 説

2 具体物の数だけ○を塗ります。左から順に塗ることの利点に気づかせることが大切です。

3 具体物の数だけ○をかきます。数が多くなると，抜けたり重複して数えたりのミスが発生しやすくなります。ミスを防ぐための工夫をしましょう。○は横一列にかいてもよいです。

4 具体物の数の多少を比較します。左右の絵を / などの印をつけながら 1 つ 1 つを対応して，残った方が多いと判断する考え方が今後の学習の基礎となります。

解 説

1 ○を上段の左から右へ，次に下段の左から右へ順に塗ることで，5 や 10 のまとまりを意識し，数のイメージを持てるように促します。

2 傘を，開いているか否かで分けて数えます。(1)で塗った○の数と(2)で塗った○の数をあわせた数が，(3)で塗った○の数と等しくなることに気づいたら，大いに褒めましょう。

3 標準レベル 4 では，数の多少を判断するだけでしたが，本問では，数の違いに注目します。

4 ○，□，△の 3 つの記号が混在しています。このような場合，記号ごとに分けて順序よく調べることで，ミスも少なくなります。手際よく考える力を身につけましょう。

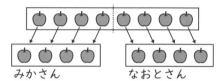

1 (1) みなみさん→かおりさん→ゆうたさん

(2) ○○○○○○○○

(3) ○○

(4)
ゆうたさん　　みなみさん　　かおりさん

2 はじめ →

3 みかさん
なおとさん

4 (1) ○○○○

(2) ○○○○○○○○

す。文章題に対応できる基礎力をつけます。

ゆうた　　　　みなみ　　　　かおり

2 おはじきを操作するときは，下段から，また同じ段では，端のおはじきから動かすことの利点を実感しましょう。

3 「同じ数ずつ分ける」操作をイメージします。

みかさん　　　　　　なおとさん

── 中学入試に役立つ アドバイス ──

「同じ数ずつ分ける」考え方は，3年生で学習する「わり算」につながります。
日常生活の中で，「半分ずつに分ける」，「〇人で等分する」活動を意識的に取り入れ，数多く経験しましょう。

4 「同じ数ずつ」配る場面で，必要な全体の数を求める問題です。理解しづらい様子でしたらおはじきを操作すると，イメージがつかみやすくなります。

(1) りく　　まお　　みく　　れん

(2) りく　　まお　　みく　　れん

── 中学入試に役立つ アドバイス ──

「同じ数ずつ」のまとまりが「いくつ分」かある場面で，「全部の数」を求める計算は，2年生で学習する「かけ算」です。
(1)は，1×4＝4で4個　(2)は，2×4＝8で，8個となります。
「同じ数ずつ配る」場面を理解することは，今後の学習に役立ちます。

解説

1 場面を読み取り，何を問われているかを理解し，適切な解答を答案にかき表す力をつけます。

(1) 3つの数の多少を比較します。

〈比べ方〉まず，ゆうたさんとみなみさんを比べると，みなみさんの方が多い。次に，みなみさんとかおりさんを比べると，みなみさんの方が多い。よって，みなみさんがいちばん多い。最後に，ゆうたさんとかおりさんを比べて，かおりさんの方が多い。よって，みなみさん→かおりさん→ゆうたさんの順と言えます。他の比べ方も考え，どのように考えたか言葉で説明させると，理解力や表現力が高まります。

(2) 「あわせた数」を求めます。たし算につながる考え方です。おはじきなどで，数をあわせるイメージを身につけましょう。

(3) 「ちがいの数」を求めます。ひき算につながる考え方です。上下におはじきを並べて，イメージをつかみましょう。

いちばん多い人…みなみ
いちばん少ない人…ゆうた　　ちがい

(4) 長い文を読んで，おはじきを操作して考えま

2　10までの　かず

★　標準レベル

問題 **8** ページ

1 (1) 2　(2) 4　(3) 7　(4) 8
　　(5) 6　(6) 10

2 (1) （　）（○）　　　(2) （　）（○）
　　(3) （○）（　）　　　(4) （　）（○）
　　(5) （○）（　）　　　(6) （○）（　）

3 1→4→5→7→8→10

4 0 こ

5 (1) 1─2─3─4─5─6
　　(2) 5─6─7─8─9─10
　　(3) 3─4─5─6─7─8
　　(4) 9─8─7─6─5─4
　　(5) 5─4─3─2─1─0

解説

1 数を数えて，数を数字で表します。抜けたり重複して数えたりのミスをしないように，印をつけながら数えるとよいです。また，数え終わったあと，見直すようにしましょう。

2 数字で，数の大小を判断します。
0, 1, 2, 3, 4, 5, 6, 7, 8, 9, 10 の数の並びで，よりあとにある数が大きいと判断します。

4 1つもないことを表す数字が「0」です。「0個」の表記に慣れましょう。

5 数の並び方の理解をみる穴埋めの問題です。まず，見えている数を比べて，数が段々大きくなっているか，小さくなっているかを見極めます。(1)〜(3)は，小さい数から大きい数へ並び，(4), (5)は，大きい数から小さい数へ並んでいます。テストによく出ますので，練習して慣れておきましょう。

★★　上級レベル

問題 **10** ページ

1 (1) 4　(2) 5　(3) 7　(4) 5
　　(5) 10　(6) 0

2 (1) 0　(2) 10　(3) 0, 1, 2（順不同）
　　(4) 6, 7, 8（順不同）

3 (1) 2─4─6─8─10
　　(2) 9─7─5─3─1
　　(3) 0─3─6─9
　　(4) 10─8─6─4─2
　　(5) 10─5─0

4 (1) 10 こ　(2) 4 こ　(3) 6 こ
　　(4) （ チョコレートケーキ ・ いちごケーキ ）
　　　が　2 こ　おおい。

解説

1 数の並び方の問題です。理解しづらかったり答えに不安があったりするときは，

　　0, 1, 2, 3, 4, 5, 6, 7, 8, 9, 10

と，数を小さい方から順にかいて考えましょう。
(4) 0, 1, 2, 3, 4, 5, 6, 7, 8, 9, 10

2 この問題も，最初にカードを数の順に並べかえておくと，考えやすくなります。
(4) 0　1　2　6　7　8　10
　　　　　↑　　　　↑
　　　　　5　　　　9
　5と9の間の数字は6, 7, 8です。

3 標準レベル **5** では，数が1ずつ増減する問題でしたが，本問では，いくつずつ増減しているかを見極めなければなりません。数を並べてかき，印をつけて調べるとわかりやすくなります。
(3) 0　1　2　3　4　5　6　7　8　9　10
　3ずつ大きくなっています。
(4) 10　9　8　7　6　5　4　3　2　1　0
　2ずつ小さくなっています。
(5) 10　9　8　7　6　5　4　3　2　1　0
　10と0の真ん中の数は5です。

┌─────────────────────────────┐
│ ── 中学入試に役立つ **アドバイス** ── │
│ 数の並びに関する問題は，中学入試でよく出 │
│ 題される「数列」につながります。数の並び │
│ 方のきまりを見つけ出すコツをつかむことが │
│ 大切です。1年生の段階では，数を2とび， │
│ 5とびで数えたり，逆順でもすらすらと唱え │
│ られたりするようにしておくとよいでしょう。 │
└─────────────────────────────┘

4 ケーキは2種類あります。分類して数え，数
の多少を比較し，差を求めます。慣れないうちは，
おはじきなどを操作して考え，慣れてきたら数字
だけで判断できるようにします。

(4) チョコレートケーキ ○○○○
　　いちごケーキ　　　○○○○○○

★★★ 最高レベル　　問題 **12** ページ

1 (1) ♥ 5つ，♦ 4つ，♠ 2つ，♣ 3つ
　　(2) ♡→◇→♧→♤
　　(3) 2　(4) ♣
2 さとるさんが 3まい おおく とった。
3 （ たります ・ たりません ）
4 4，（ きって ・ はがき ）
5 (1) あさみさん→さくらさん→まことさん
　　(2) まことさん→さくらさん→あさみさん
6 (1) 2　(2) 8

解　説

2 文章をよく読むと，6と9ではどちらの数が
大きいか，またその数の違いを考えればよいこと
がわかります。「単元8，10までのひきざん」の
文章題につながる問題です。

3 理解しづらい様子であれば，簡略な図をかく
ことをおすすめします。

ケーキ

皿

お皿の方が数が多いので，足りると言えます。

---

4 切手を○，葉書を□として，図をかくと，

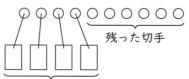

残った切手

切手を貼った葉書

5 問題文中の，「10こずつ　もらって」に着目
できるかがポイントです。

残ったクッキーを●，食べたクッキーを○として，
図に表すと，

さくら ●●●●○○○○○○

あさみ ●●●●●●●●○○

まこと ●●○○○○○○○○

(1) ●の多い順に，あさみさん→さくらさん→ま
　　ことさん　です。
(2) ○の多い順に並べます。
　　まことさん→さくらさん→あさみさん　です。
(1)と(2)の答えの順が逆になることに気づいたら褒
めてあげましょう。

6 いくつ違うかを答える問題です。練習を重ね
て，数字を見ただけで反射的に即答できるように
しておくと，今後のひき算の学習に役立ちます。

3　なんばん目

★　標準レベル　　問題 **14** ページ

1 (1)

(2)

2 (1) 5　(2) 6　(3) 2　(4) 4　(5) 5

3 (1) 4　(2) 3　(3) 2　(4) 3　(5) 4

4 (1) 2

(2) とけい→ぼうし→かばん→なわとび
　　→ボール

解　説

1 「～から何番目」と「～から何個」の違いを
理解しましょう。

2 (3), (4)

4 やや長めの文章を読んで, 順序よく位置を決
定していきます。

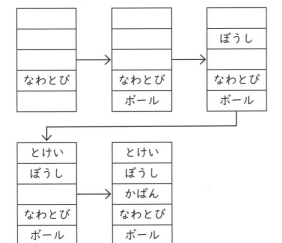

★★　上級レベル　　問題 **16** ページ

1 (1) 左から　2 ばん目,
　　上から　4 ばん目
　　右から　4 ばん目,
　　下から　2 ばん目

(2) 左から　3 ばん目,
　　下から　4 ばん目
　　右から　3 ばん目,
　　上から　2 ばん目

(3) 左から　1 ばん目,
　　上から　1 ばん目

(4)

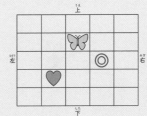

2 (1) 1　(2) 10　(3) 6　(4) 5　(5) 3

(6) 3　(7) 6　(8) 5

(9) 左に　4 まい, 右に　4 まい

解　説

2 「～から何番目」の順番を表す数と, 「～から
何枚」の枚数を表す数に加えて, カードの数字が
混在して, 難度が高い問題です。

(3) いちばん数が大きいカードは⑩です。

(4) 数が 2 番目に大きいカードは⑨です。

(5) 左 6 3 1 7 9 10 5 4 2 右
　　　　　　　　　↑右から3番目

(6) 左 6 3 1 7 9 10 5 4 2 右
　　└─3枚─┘ ↑

(7) 左 6 3 1 7 9 10 5 4 2 右
　　↑ └───6枚───┘ ↑

(8) 左 6 3 1 7 9 10 5 4 2 右
　　└──5枚──┘ ↑左から6番目

(9) 左 6 3 1 7 9 10 5 4 2 右
　　└4枚┘ 真ん中 └4枚┘

★★★ 最高レベル　　　　　　　問題18ページ

1	5人
2	5ばん目
3	1だい
4	6ばん目
5	9人
6	4人
7	9けん
8	9本

解説

問題文の場面を○や●などを使って図に表して考えます。

1

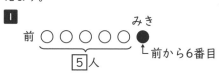

2

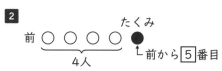

3

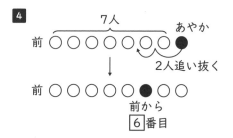

4

5

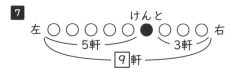

6

左 ○○○○○●○○○○ 右
10人
りえ　4人

7

左 ○○○○○●○○○ 右
5軒　3軒
9軒

8 次の手順で図をかくとよいでしょう。

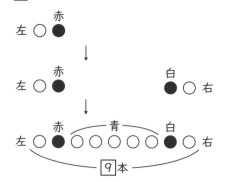

左 ○●○○○○○●○ 右
赤　青　白
9本

━ **中学入試に役立つ アドバイス** ━

順序数の問題は，場面を図に表すと，視覚的に理解しやすくなります。その際，基準となる人や物を数に含めるか否かに注意が必要です。

1「みきさんの前の人数」には，みきさんは含めません。

2「たくみさんは何番目か」には，たくみさんを含めます。

3「AとBの間の数」には，AとBは含めません。

1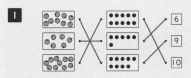

2 (1) 10 (2) 0, 1, 2（順不同）

(3) 5, 6, 7（順不同）

(4) 10 (5) 0

3 (1) ⓪─②─④─⑥─⑧─⑩

(2) ⑩─⑦─④─①

(3) ⑧─④─⓪

4 (1) ① まえから 2ばん目,

　　　左から 5ばん目

　　② うしろから 3ばん目,

　　　右から 4ばん目

(2)

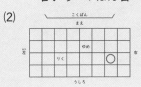

解説

2 まず，数字カードが0から10まで抜けることなく全てあることを確認しておきましょう。

小さい方から順に並べると,

0, 1, 2, 3, 4, 5, 6, 7, 8, 9, 10
　(5)　　　　　　　(3)　　　(4)

3 いくつずつ大きくなっているか，または小さくなっているかに着目します。

(1) 2ずつ大きくなっています。2より2小さい数は0です。

(2) 3ずつ小さくなっています。

(3) 8と0の真ん中の数は4です。4ずつ小さくなっています。

4 (2)「りくさんとめぐさんの間に3人」から，めぐさんは，りくさんの左側ではありません。りくさんの位置によっては，左側の可能性もあることに気づいていたら褒めてあげましょう。

1 （例）

2 (1) 10人 (2) 4人 (3) 6人 (4) 2人

(5) ぼうしを かぶって

　　（ いる ・(いない) ）人が 6人

　　おおい。

3 (1) 3 (2) 4まい (3) 3ばん目

(4) 2まい

(5) 左に 7まい, 右に 1まい

4 (1) 6ばん目 (2) 10人

解説

2 (5) 帽子をかぶっている人は2人，かぶっていない人は8人です。2と8の違いは6です。

3 この問題は，カードを数の大きさに並び替えずに考えます。

(2) ③と⑧と⑦と④の4枚あります。

(3) 数が2番目に小さいカードは②で，左から3番目にあります。

(4) ①と③の2枚あります。

(5) 左から8番目のカードは⑦です。

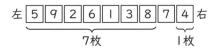

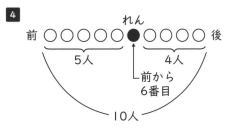

4 いくつと いくつ

★ 標準レベル　　問題 24 ページ

1 (1) 6 (2) 8 (3) 9 (4) 7 (5) 10
(6) 4 (7) 4 (8) 6 (9) 4 (10) 8

2 (1) 3 → 1　2　(2) 4 → 2　2　(3) 7 → 3　4
(4) 8 → 3　5　(5) 10 → 3　7　(6) 9 → 7　2

3 6　3　2
　　4　5　1
（線で結ぶ）

4 (1) 2 (2) 4 (3) 5 (4) 7

5 7　2　5　4　9
　　1　6　8　3　5
（線で結ぶ）

解説

2 上の 1 つの数を下の 2 つの数に分解したり，下の 2 つの数を上の 1 つの数に合成したりします。
(1) 3 は 1 と 2 に分けられます。
(2) 2 と 2 をあわせて 4 です。
4 あと何個かきたせば，8 個になるかを考えます。
5 2 つの数をあわせて「10」を作る問題です。「あといくつで 10 になるか」10 の補数を見つける考え方は，今後学習する繰り上がりのあるたし算・繰り下がりのあるひき算で重要です。即答できるよう練習しましょう。

★★ 上級レベル　　問題 26 ページ

1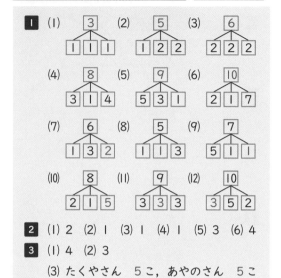
(1) 3 → 1　1　1　(2) 5 → 1　2　2　(3) 6 → 2　2　2
(4) 8 → 3　1　4　(5) 9 → 5　3　1　(6) 10 → 2　1　7
(7) 6 → 1　3　2　(8) 5 → 1　1　3　(9) 7 → 5　1　1
(10) 8 → 2　1　5　(11) 9 → 3　3　3　(12) 10 → 3　5　2

2 (1) 2 (2) 1 (3) 1 (4) 1 (5) 3 (6) 4

3 (1) 4 (2) 3
(3) たくやさん　5 こ，あやのさん　5 こ
(4) みずきさん　4 こ，まことさん　3 こ

4 こうたさん…2 こ，ゆうこさん…2 こ，
さつきさん…2 こ

解説

1 3 つの数を 1 つの数に合成したり，1 つの数を 3 つの数に分解したりします。慣れないうちは，おはじきを操作して考えるとよいでしょう。

(1)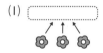

(7)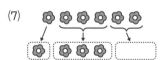

3 条件にあうような数の分け方を考えます。

(3)
　　　5個　　　　5個

(4) 先に 1 個をみずきさんの分とし，残りの 6 個を同じ数ずつに分けます。

みずき　　まこと
4個　　　3個

14

1 (1) 2 (2) 3 (3) 5 (4) 1
2 3 まい
3 3 まい
4 5 さつ
5 3 人
6 8 こ
7 2 人
8 赤の　ふくろ…2 こ，
青の　ふくろ…4 こ，
白の　ふくろ…3 こ

解説

1 10 の補数を見つける問題です。

2 文章題になり，戸惑っている様子でしたら，「5 は，あといくつで 8 ですか」と，問い方を変えてみましょう。

3 文章を読んで，何を求めたらよいのかが把握できない様子でしたら，次のような文に変えてみましょう。
〈問題〉シールが 7 枚あります。あと何枚で 10 枚になりますか。

4 4 冊と 1 冊で 5 冊になります。

5 場面を○を使った図にかくと，視覚的にわかりやすくなります。

男の子　○○○○○○
女の子　○○○○○○○○○

男の子があと 3 人来ると，女の子と同じ 9 人になります。

6 「初めの数」を求めるのは難しく感じますが，図にかくと視覚的に理解しやすくなります。

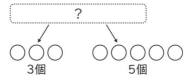

おはじきを使って，元に戻す操作をしても，初めの数をイメージしやすくなります。

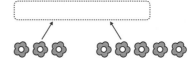

7 図にかく場合は，下のようになります。

数字だけで考えさせる場合のヒントとしては，「6 は　4 と　いくつに　分かれますか」と問いを変えてみましょう。

8 1 年生としては複雑な文です。○を使った図で，順を追って考えるとわかりやすいです。

9 個のあめがあります。
○○○○○○○○○
↓
先に青に 2 個入れます。

↓
次に白に 1 個入れます。

↓
残りの 6 個を 3 つの袋に同じ数ずつ分けます。

↓
赤…2 個，青…4 個，白…3 個

―― 中学入試に役立つ アドバイス ――
片方が 1 個多くなるように分けるには，先に 1 個を配っておき，残りの個数を等分すると分けやすいです。

★　標準レベル

問題30ページ

1 (1) 14　(2) 16　(3) 12　(4) 20

2 (1) 15　(2) 19　(3) 12　(4) 14
　　(5) 11　(6) 20

3 (1) 9—10—11—12—13—14—15
　　(2) 14—15—16—17—18—19—20
　　(3) 8—10—12—14—16—18—20
　　(4) 5—10—15—20

4 (1) 15人　(2) 13ばん目

5 (1) 4　(2) 10　(3) 10　(4) 10
　　(5) 10　(6) 10

解説

1 20までの数を数えて，数字で表します。

(3) 2個ずつのまとまりに着目して，「2，4，6，8，10，12」と，2とびで数えると効率よく数えられます。

(4) 「5，10，15，20」と，5とびで数える経験を日常生活に取り入れましょう。

3 数の並び方の問題です。どのようなきまりで並んでいるかを見極めます。

(1) 11と12から，1ずつ大きくなっていることがわかります。

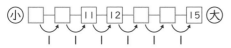

(3) 8と10から，2ずつ大きくなっていることがわかります。

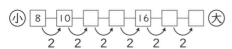

(4) 5と15の真ん中は10です。

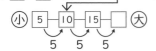

★★　上級レベル

問題32ページ

1
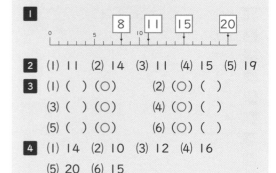

2 (1) 11　(2) 14　(3) 11　(4) 15　(5) 19

3 (1) (　)(○)　　　(2) (○)(　)
　　(3) (　)(○)　　　(4) (○)(　)
　　(5) (　)(○)　　　(6) (○)(　)

4 (1) 14　(2) 10　(3) 12　(4) 16
　　(5) 20　(6) 15

5 (1) 15　(2) 7　(3) 7　(4) 20　(5) 16

解説

1 数の線（数直線）の読み取りの問題です。目盛りは等間隔で，数は右にいく程，大きくなります。小さい目盛りは1刻み，中の目盛りは5刻み，大きい目盛りは10刻みであることに気づいていたら褒めてあげましょう。

2 **1** の数の線を見ながら考えてもよいでしょう。

3 数字だけで数の大小を判断します。即答できるようにしておきましょう。

4 図のように，10のまとまりをそのままに，ばらの部分を操作する考え方もあります。

(3)

(4)

(5)
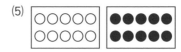

5 繰り上がり，繰り下がりの学習の前段階として，数の線を利用してイメージをつけます。

(1)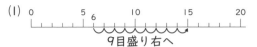
9目盛り右へ

(2)
6目盛り左へ

★★★ 最高レベル　問題**34**ページ

1 (1) 11 (2) 18 (3) 18 (4) 19
 (5) 15, 19（順不同）
 (6) 17, 18, 19（順不同）
2 (1) 1 こ (2) 8 こ (3) 6 こ (4) 3 こ
3 (1) 17, 18, 19（順不同）
 (2) 10, 11, 12（順不同）
4 (1) 1—4—7—10—13
 (2) 4—8—12—16—20
 (3) 20—18—16—14—12
5 女の子が　1人　おおい。
6 (1) 赤チーム…18 てん，
 　　白チーム…15 てん
 (2) 5 てん

（解　説）

1 はじめに，数字カードを数の小さい順に並べかえておくと解きやすくなります。
 11 12 13 15 17 18 19 20

(5) 17 と 2 だけ違う数は，15 と 19 の 2 つあります。

(6) 15 より大きく，20 より小さい数は，16,
 17, 18, 19 です。このうち，問題のカードにあるのは，17, 18, 19 です。
 11 12 13 15 |17 18 19| 20

── 中学入試に役立つ **アドバイス** ──
「○より大きい数」，「○より小さい数」に，
○は含まれません。

4 数の並び方の問題です。

(1) 4 と 7 から，3 ずつ大きくなっていることを見つけます。

(2) 4 と 8 から，4 ずつ大きくなっていることを見つけます。

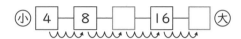

(3) 20 と 16 から，数が小さくなっていくことを見つけます。

 20 と 16 の真ん中の数は，18 です。

5 男の子 ○○○○○○○○○
 女の子 ○○○○○○○○○○
　　　　　　　　　　　1人多い

数値が大きくなってくると，○の図で表すのが大変になってきますので，数字だけで考えられるようにしましょう。

6 やや複雑な文章ですが，整理して考えます。

(1)「赤チームは，青チームより 1 点多い」
 　　　　　　　　└→17 点
 ことに着目すると，わかりやすくなります。
 「白チームは，青チームより 2 点少ない」
 　　　　　　　　└→17 点
 ことに着目するとよいでしょう。

(2)「白チームは，あと何点で 20 点になりますか。」
 　　└→15 点

── 中学入試に役立つ **アドバイス** ──
文章題では，わかっていることをかきこんだり，大切な所に下線を引いたりすると，問題の意味がわかりやすくなります。

1　(1) 34まい　(2) 50まい　(3) 100まい
　　(4) 120まい　(5) 102まい

2　(1) 49　(2) 80　(3) ① 7　② 2

3　(1) あ 31　い 65　う 100
　　　え 107　お 120
　　(2) 60　(3) 99　(4) 90
　　(5) 88　(6) 112　(7) 115

4　(1) (○) ( )　　　(2) ( ) (○)
　　(3) ( ) (○)　　　(4) ( ) (○)
　　(5) ( ) (○)　　　(6) (○) ( )

解　説

3 数の表をもとに考えます。表は，左から右へ
1ずつ大きく，また上から下へ10ずつ大きくな
るように数が並んでいます。

(1) 例えば，あは，「30の次の数」，「30より1
　だけ大きい数」「十の位が3，一の位が1の
　数」など，いろいろな見方ができます。い〜
　おの数について，どのような数か見方を言葉
　で説明できるようにしておくと，より深い学
　習となります。

(2) 59の次の数は60です。

(3) 100の一つ前の数は99です。

(4) 「70　80　⑨⓪」と，10とびで考えます。

(5) 83，84，85，86，87，⑧⑧

(6) 111　⑪⑫　113　114　115

(7) ⑪⑮　116　117　118　119　120

4 数の大小を判断するときは，上の位から順に
比べます。また，桁数の多い方が大きいです。

1　(1) ① 4　② 7　(2) 60　(3) 10
　　(4) 117　(5) 2

2　(1) あ 75　い 81　う 99　え 105
　　　お 116
　　(2) 94　(3) 97　(4) 111

3　(1) 58—59—60—61—62—63
　　(2) 70—80—90—100—110—120
　　(3) 97—98—99—100—101—102
　　(4) 113—112—111—110—109—108
　　(5) 117—107—97—87—77—67

4　(1)
　　75　76　77　78　79　80　81　82　83

　　(2)
　　28　30　32　34　36　38　40　42　44

　　(3)
　　80　85　90　100　110　120

5　(1) 10　(2) 30　(3) 20　(4) 60
　　(5) 5　(6) 8

解　説

2 数の線を使って考えます。いちばん小さい目
盛りは1刻みです。右にいく程，数が大きくな
ります。

3 いくつずつ数が増えているか，または減って
いるかに注目します。

(5)では，一の位がすべて「7」になっていること
に着目すると，きまりが見えてきます。

4 小問ごとに，数の間隔が違っているので，注
意します。

(3) 10を2等分しているので，1目盛りは5を
　表します。

5 慣れないうちは数の線を利用してもよいです
が，即答できるようにしておくと，今後の学習が
スムーズになります。

1 (1) 49 → 56 → 62 → 70 → 78 → 86 → 98

(2) 56, 86 （順不同）

(3) 62, 70, 78 （順不同）

2 (1) 29　(2) 98　(3) 13

(4) 31, 32, 34, 35, 36, 37, 38, 39

（順不同）

3 (1) 95 円

(2) ① ○　② ×　③ ○

4 20 ページ

5 (1) 赤ぐみ…65 てん，白ぐみ…50 てん

(2) 赤ぐみが　15 てん　おおい。

解説

1 2 桁の数の構成，系列の理解度を確認します。

(1)で，数を小さい順に並べたので，これを利用すると，(3)がスムーズに考えられます。

(3) 49, 56, | 62, 70, 78 |, 86, 98

　　　　60　　　　80

2 数字カードを 2 枚並べて 2 桁の数を作ります。

右のような表の欄に
カードを貼りつける
イメージです。

十の位	一の位

(2) 大きい数を作るには，上の位（十の位）から順に，できるだけ大きい数字を並べます。

できる 2 桁の数は大きい順に，

98, 97, 96, 95, 94, 93, 92, 91, 89,

87, 86, ……となります。

(3) (2)とは逆です。小さい数を作るには，上の位（十の位）から順に，できるだけ小さい数字を並べます。

できる 2 桁の数は小さい順に，

12, 13, 14, 15, 16, 17, 18, 19, 21,

23, 24……となります。

(4) 30 より大きく，40 より小さい数の十の位は「3」です。

─── 中学入試に役立つ アドバイス ───

数字カードを並べて数を作る問題はよく出題されます。その際，同じ数字を繰り返し使えるかに注意が必要です。

本問のように，1 〜 9 までのカードが 9 枚ある設定なので，同じ数字のカードはありません。よって，「11」「22」「33」…のように十の位と一の位が同じ数字の数は作ることができません。

3 買い物の場面です。

(1) 10 のまとまりが 9 つで 90。90 と 5 で 95。

(2) ① 80 は 95 より小さい。つまり，80 円は 95 円より安いので，買えます。

② 100 は 95 より大きい。つまり，100 円は 95 円より高いので，買えません。

③ジュースの値段と持っている金額が同じ場合は，買えます。

5 的当ての場面です。

(1) 赤組…10 点が 4 つで 40 点。あとは 5 とびで数えると，45, 50, 55, 60, 65 で，65 点です。

白組…10 点が 3 つで 30 点。あとは，35, 40, 45, 50 で 50 点です。

(2) 同じ的に当たった●を／で消すと，赤組に残ったのは 15 点です。白組に残ったのは 0 点です。

赤ぐみ

白ぐみ

─── 中学入試に役立つ アドバイス ───

大人は，65 − 50 = 15 と計算で求めてしまいがちですが，差を求める際，まず同じ部分を消して，異なる部分に着目する考え方は，より複雑な問題を解くときに役立ちます。

1 (1) ① 4 ② 4 (2) ① 4 ② 5
(3) ① 3 ② 3 ③ 3

2 (1) 78 (2) ① 9 ② 0 (3) 101

3 ① 5 ② 16 ③ 21 ④ 65 ⑤ 89
⑥ 104 ⑦ 65 ⑧ 80 ⑨ 105
⑩ 48 ⑪ 62

4 (1) 84 (2) 105 (3) 100 (4) 91

解説

1 数字だけで理解しづらい場合は，おはじきを操作して考えるとよいでしょう。

(1)
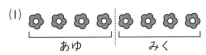
あゆ　　　みく

(2) 「りくさんの方がかいとさんより1個少なく」を言い換えると，「かいとさんの方がりくさんより1個多く」です。よって，はじめにかいとさんに1個配っておき，残りの8個を同じ数ずつ分けると上手く分けられます。

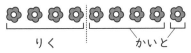
りく　　　　かいと

3 1目盛りの大きさがいくつかに着目します。
①～③の数の線は，1目盛りが1を表します。
④～⑥の数の線は，1目盛りが1を表します。
⑦～⑨の数の線は，1目盛りが5を表します。
⑩～⑪の数の線は，10を5目盛りに分けています。1目盛りは2を表します。⑩は50より2小さい数，⑪は60より2大きい数です。

4 数の線を利用して，大きい数は右へ，小さい数は左へ進めて求めます。

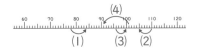

1 (1) 3 (2) 8 (3) 4 (4) 20 (5) 100
(6) 101 (7) 80

2 (1) (○) (　) (2) (　) (○)
(3) (○) (　) (4) (○) (　)
(5) (　) (○) (6) (　) (○)

3 (1) 5—10—15—20—25—30
(2) 115—105—95—85—75—65
(3) 106—108—110—112—114—116

4 (1) 白ぐみ→青ぐみ→赤ぐみ
(2) 赤ぐみ…×，白ぐみ…○，
青ぐみ…○
(3) 4 てん
(4) 10 てん
(5) 6 てん

解説

3 (1) 5ずつ大きくなっています。数を5とびで数える練習をしておきましょう。

(2) 85, 75, 65 の並び方から10ずつ小さくなっていることに着目します。逆に，右から左へ10ずつ大きくなっていることに気づくことが大切です。

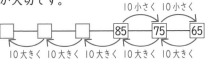

85から順に左へ，95, 105, 115 とかき入れていきます。

(3) 110と116の間に□が2つあります。

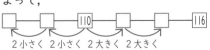

2ずつ大きくなる並び方とわかります。
よって，

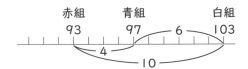

4 (3), (4), (5) 数の線を利用すると

■ 2章　たしざんと　ひきざん

7　10までの　たしざん

★　標準レベル　　問題46ページ

1 (1) 7こ　(2) 6わ　(3) 8本（8りん）

2

3 + 3	6 + 2	1 + 4	2 + 5
（　）	（　）	（　）	（○）

3

7 + 2	5 + 3	4 + 6	8 + 1
（　）	（　）	（○）	（　）

4 (1) 4　(2) 5　(3) 9　(4) 6

(5) 7　(6) 7　(7) 10　(8) 6

(9) 9　(10) 9　(11) 10　(12) 10

5 （しき）　4 + 2 = 6　6ぴき

6 （しき）　7 + 3 = 10　10まい

解説

1 「あわせていくつ」合併の場面とたし算を結びつけます。答えに単位をつけることにも気をつけます。(1)～(3)の場面を式で表すと,

(1) 4 + 3 = 7　(2) 2 + 4 = 6　(3) 3 + 5 = 8

2 3 4 式だけで答えがすぐに出るように練習しましょう。

4 (6) 0の計算に戸惑うようでしたら, イラストをヒントにして考えさせます。

5 合併の場面です。たし算の式に表します。

6 増加の場面もたし算です。「＋」の前には初めに持っていた数7を,「＋」の後には, 増加分の3を書きます。

★★　上級レベル　　問題48ページ

1 (1) ひまわり　(2) ふくろう

2 (1)　　　　　　　　(2)

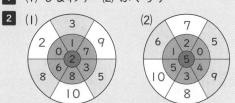

3 (1) 7　(2) 9　(3) 7　(4) 8

(5) 9　(6) 10　(7) 10　(8) 10

(9) 7　(10) 10

4 （しき）　3 + 4 + 2 = 9　9まい

5 （しき）　4 + 1 = 5,　4 + 5 = 9　9本

解説

3 3つの数, 4つの数をたす計算です。前から順序よくたしていきます。先にたした答えを小さく書いておいてもよいでしょう。

(1) 2 + 1 + 4 = 7　　(9) 3 + 1 + 2 + 1 = 7

4

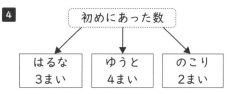

| はるな 3まい | ゆうと 4まい | のこり 2まい |

はるなさんの分とゆうとさんの分と残りをあわせた数が初めにあった数です。

式は, 3 + 4 = 7, 7 + 2 = 9のように2つに分けて書いていてもかまいません。

5

赤い花の数	＋	黄色い花の数	＝	全部の花の数
（4本）		（4本より1本多い）		

まずは, 黄色い花の数を求めましょう。

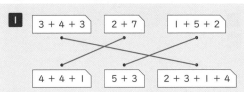

★★★ 最高レベル　問題50ページ

1
3 + 4 + 3　2 + 7　1 + 5 + 2
4 + 4 + 1　5 + 3　2 + 3 + 1 + 4

2 （しき）そうたさん…1 + 2 + 1 + 3 = 7
　　　みおさん…2 + 0 + 3 + 2 = 7

そうたさん…7 てん，みおさん…7 てん

3 （しき）ななみさん…3 + 1 = 4
　　　いもうと…5 + 1 = 6
　　　4 + 6 = 10　　　　10 まい

4 （しき）あおいさん…3 + 1 + 0 + 1 + 3 = 8
　　　こうきさん…0 + 1 + 3 + 1 + 0 = 5

あおいさん…8 てん，こうきさん…5 てん

解説

1 それぞれの式の答えは，次の通りです。

3 + 4 + 3 = 10　2 + 7 = 9　　1 + 5 + 2 = 8
4 + 4 + 1 = 9　　5 + 3 = 8
2 + 3 + 1 + 4 = 10

2 表に点数をかき入れると，次の通りです。

	1回目	2回目	3回目	4回目
そうた	1	2	1	3
みお	2	0	3	2

3 やや複雑な場面です。整理しながら順序よく考えます。

（手順1）

> ななみさんが　もって　いる　おりがみは
> 3まいで，いもうとより　2まい　すくない
> そうです。

ここまででわかったことから，妹はななみさんの3枚より2枚多い，5枚の折り紙を持っていたことがわかります。

（手順2）

> ななみさんと　いもうとが　おかあさんから
> 1まいずつ　もらうと

ここで，もらったあとのそれぞれの枚数を求めておきます。

ななみさん…3 + 1 = 4
妹…5 + 1 = 6

（手順3）

> おりがみは　あわせて　なんまいに　なりますか。

最後に，ななみさんと妹の数をあわせます。

4 + 6 = 10で，10枚です。

4 表に点数をかき入れると，次の通りです。

	1回目	2回目	3回目	4回目	5回目
あおい	3	1	0	1	3
こうき	0	1	3	1	0

--- 中学入試に役立つ **アドバイス** ---

テストでは，ゲームの場面がよく登場します。難度が高い問題ほど，ルールが複雑です。問題文をよく読み，ルールを理解することが重要です。

8　10までの　ひきざん

1 (1) 2こ (2) 2ひき (3) 6本

2

7－4	9－5	8－3	6－1
（　）	（○）	（　）	（　）

3

4－3	5－2	10－7	8－6
（　）	（　）	（　）	（○）

4 (1) 2 (2) 1 (3) 4 (4) 1
　　(5) 4 (6) 4 (7) 0 (8) 6
　　(9) 4 (10) 3 (11) 2 (12) 7

5 (しき) 7－2＝5　　5人

6 (しき) 10－6＝4　　4こ

解説

1 「ちがいはいくつ」求差の場合とひき算を結びつけます。(1)～(3)を式に書くと，

(1) 5－3＝2　　　　　(2) 6－4＝2
(3) 8－2＝6

「－」の記号の前に大きい数を書いて，大きい数から小さい数をひくようにします。
4－6や，2－8は，間違いです。

2 3 4 式だけで答えがすぐに出るように練習しましょう。

5 残りの数を求める計算なので，ひき算の式に表します。「－」の前には初めにいた数7を，「－」の後には，減った数2を書きます。

6 求差の文章題です。6と10をまず比べて，大きい方の10から小さい方の6をひきます。

1 (1) ひこうき (2) おにぎり

2 (1) ［円の図］　　(2) ［円の図］

3 (1) 2 (2) 3 (3) 2 (4) 1
　　(5) 4 (6) 0 (7) 7 (8) 5
　　(9) 5 (10) 9

4 (しき) 8－2＝6, 6－3＝3　3さい

5 (しき) 4－1＝3, 10－4－3＝3
　　　　　　3こ

解説

3 3つの数，4つの数の計算です。前から順序よく計算します。先に計算した答えを小さく書いておくとよいでしょう。

(1) 5－2－1＝2　　　(7) 8－4＋3＝7

(9) 9－2＋1－3＝5　(10) 10－3－2＋4＝9

4 年齢に関する問題です。「年下」は，年齢を表す数が小さいことを意味します。

文章を読みながら，たけるさん→弟→妹の順に年齢を求めます。感覚的に6歳，3歳と求められていても，本問では，それを式の形で表すことが重要です。

5 桃は4個です。柿の数は，4個より1個少ないことから3個とわかります。10個から桃の数と柿の数をひいた残りがみかんの数です。

(別解) 4＋3＝7　10－7＝3　も正解です。

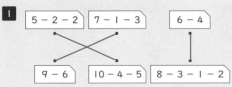

1

5 − 2 − 2	7 − 1 − 3		6 − 4

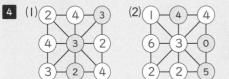

9 − 6	10 − 4 − 5	8 − 3 − 1 − 2

2 （しき） 6 − 2 = 4， 10 − 3 = 7

　　　　　7 − 4 = 3

　　　　　　　　ゼリーが　３こ　おおい。

3 （しき） 8 − 2 = 6， 6 − 3 = 3　３まい

4 (1)

```
 2 — 4 — 3
 |  ╲|╱  |
 4 — 3 — 2
 |  ╱|╲  |
 3 — 2 — 4
```

(2)

```
 1 — 4 — 4
 |  ╲|╱  |
 6 — 3 — 0
 |  ╱|╲  |
 2 — 2 — 5
```

5 （しき） かいとさん…0 + 0 + 1 + 3 + 0 = 4

　　　　　みさきさん…3 + 3 + 1 + 0 + 3 = 10

　　　　　　　　10 − 4 = 6

　　　　　　　　みさきさんが　６てん　たかい。

解説

1 それぞれの式の答えは，次の通りです。

5 − 2 − 2 = 1　　7 − 1 − 3 = 3

6 − 4 = 2　　　　9 − 6 = 3　　10 − 4 − 5 = 1

8 − 3 − 1 − 2 = 2

2 プリン，ゼリーの残りの数を求めます。

プリンは，初め 6 個あって，2 個食べたので，残りは，6 − 2 = 4 で，4 個。

ゼリーは，初め 10 個あって，3 個食べたので，残りは，10 − 3 = 7 で，7 個。

プリンの 4 個とゼリーの 7 個を比べます。

3 赤，青，黄色の枚数を順に求めていきます。赤は 8 枚です。青は，赤の 8 枚より 2 枚少ないので，6 枚です。次に黄色の枚数を求めます。「青は黄色より 3 枚多い」を言い換えると，「黄色は青より 3 枚少ない」だから，黄色は，6 − 3 = 3 で，3 枚とわかります。

中学入試に役立つ**アドバイス**

「○○は△△より多い（少ない）」の文が出てきたときは，まず，どちらの方が多いのかを明確にし，メモしておくとよいです。

また，求める数量の方を主語に言い換えると，わかりやすくなります。

4 一列に並ぶ 3 つの数のうち，2 つがわかっている列から順に考えます。

(1) イと 3 と 2 で 9 だから，イは 4。

3 と 3 とオで 9 だから，オは 3。

アとイと 3 で 9。イは 4 だから，アと 4 と 3 で 9。アは 2。

アと 3 とカで 9。アは 2 だから，2 と 3 とカで 9。カは 4。

アとウとオで 9。アは 2，オは 3 だから，2 とウと 3 で 9。ウは 4。

ウと 3 とエで 9。ウは 4 だから，4 と 3 とエで 9。エは 2。

(2) イと 0 と 5 で 9 だから，イは 4。

アと 4 とイで 9。イは 4 だから，アと 4 と 4 で 9。アは 1。

アとエと 5 で 9。アは 1 だから，エは 3。

ウとエと 0 で 9。エは 3 だから，ウは 6。

アとウとオで 9。アは 1，ウは 6 だから，オは 2。

オとカと 5 で 9。オは 2 だから，カは 2。

5 表に点数をかき入れると，次の通りです。

	1 回目	2 回目	3 回目	4 回目	5 回目
かいと	0	0	1	3	0
みさき	3	3	1	0	3

1

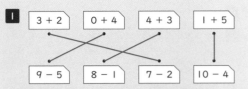

3 + 2　　0 + 4　　4 + 3　　1 + 5

9 − 5　　8 − 1　　7 − 2　　10 − 4

2 (1) 9　(2) 3　(3) 9　(4) 10

(5) 1　(6) 3　(7) 4　(8) 7

(9) 7　(10) 0　(11) 8　(12) 3

3 （しき） 3 + 5 = 8

　　　　　 8 + 2 = 10　　　10まい

4 （しき） 9 − 3 − 2 = 4　　4本

5 （しき） 7 + 3 − 5 = 5　　5わ

解 説

2 計算練習をします。3つの数，4つの数の計算は前から順に計算します。

(11) 4 + 2 − 3 + 5 = 8
　　└6┘
　　　└3┘
　　　　└8┘

3 りくさんは3枚です。

しょうたさんは，りくさんの3枚より5枚多いので，3 + 5 = 8で，8枚です。

さとしさんは，しょうたさんの8枚より2枚多いので，8 + 2 = 10で，10枚です。

4 9 − 3 = 6，6 − 2 = 4のように，式を2つに分けても正解です。

また，あげた数を先に求めて，

3 + 2 = 5，9 − 5 = 4としても正解です。

5 増えた数をたして，減った数をひいて求めます。

7 + 3 = 10，10 − 5 = 5と，式を2つに分けていても正解です。

---

1 (1) 3と5（順不同）

(2) 2と5，3と4（順不同）

2 (1) 10　(2) 6　(3) 9　(4) 2

(5) 5　(6) 10　(7) 9　(8) 2

(9) 1　(10) 1

3 （しき） 6 − 2 = 4

　　　　　 6 + 4 = 10　　　10ぴき

4 （しき） 8 − 3 = 5

　　　　　 5 + 4 = 9　　　9こ

5 （しき） 3 + 5 = 8

　　　　　 10 − 8 = 2　　　2わ

解 説

3 赤い金魚は6匹です。

黒い金魚は計算で求めます。6匹より2匹少ないので，6 − 2 = 4で4匹です。

赤い金魚の数と黒い金魚の数をあわせます。

4 あめは8個です。

キャラメルは，あめの8個より3個少ないので，8 − 3 = 5で，5個です。

ガムは，キャラメルの5個より4個多いので，5 + 4 = 9で，9個です。

5 えりなさんとまいさんであわせて8羽折ったので，あと2羽折れば10羽になります。

10 − 3 = 7，7 − 5 = 2　のように，順にひいても正解です。

また，1つの式にまとめて，10 − 3 − 5 = 2としても正解です。

9 20までの たしざん

★ 標準レベル ┃ 問題62ページ

1 ① 2 ② 2 ③ 12

2

4 + 6	9 + 3	8 + 4	6 + 5
( )	( )	( )	(○)

3

9 + 6	7 + 7	5 + 8	4 + 9
( )	(○)	( )	( )

4 (1) 11 (2) 12 (3) 12 (4) 11
(5) 16 (6) 11 (7) 13 (8) 13
(9) 15 (10) 15 (11) 18 (12) 12

5 (しき) 5 + 9 = 14   14わ

6 (しき) 8 + 6 = 14   14こ

解説

1 繰り上がりのあるたし算は,「10のまとまりを作る」ことがポイントになります。
たす数を分解しても,たされる数を分解してもかまいません。

2 **3** **4** 即答できるようになるまで練習しましょう。

5 小屋の中のうさぎと,小屋の外のうさぎをあわせた数を求めるので,たし算をします。

6 初めにあった8個と,増加分の6個を加えた数を求めるので,たし算をします。

★★ 上級レベル ┃ 問題64ページ

1 (1) かまきり (2) さんすう

2 (1) (2)

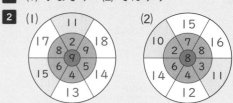

3 (1) 11 (2) 13 (3) 14 (4) 18
(5) 13 (6) 18 (7) 19 (8) 20

4 (しき) 3 + 5 + 4 = 12   12こ

5 (しき) 6 + 2 = 8
6 + 8 = 14   14ページ

解説

2 例えば,たされる数が9で,たす数が変わっていくときの答えは,次の通りです。
9 + 1 = 10, 9 + 2 = 11, 9 + 3 = 12,
9 + 4 = 13, 9 + 5 = 14, 9 + 6 = 15,
9 + 7 = 16, 9 + 8 = 17, 9 + 9 = 18
たす数が1ずつ増えていくと,答えも1ずつ増えていることに気づいたら褒めてあげましょう。

3 前から順にたします。

(1) 3 + 2 + 6 = 11
　　└5┘　│
　　　└11┘

(8) 9 + 2 + 4 + 5 = 20
　　└11┘　│　│
　　　└15┘　│
　　　　└20┘

15 + 5の計算は2年生の内容ですが,15と5で20と考えます。

4 なおきさんの数とお兄さんの数と残りの数をあわせた数になります。

5 まず,今日のページ数を求めてから,昨日と今日のページ数をあわせます。

1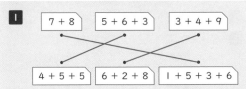

2 （しき）なつみさん…5＋1＋0＋5＋3＝14
　　　　わたるさん…3＋5＋1＋1＋5＝15
　　　なつみさん…14てん，わたるさん…15てん

3 （しき）3＋8＋1＋5＝17　　17人

4 （しき）しょうさん…5＋0＋6＋1＋0
　　　　　　　　　　　　　　＝12
　　　　かなさん…0＋6＋0＋1＋6＝13
　　　しょうさん…12てん，かなさん…13てん

解説

1 それぞれの式の答えは，次の通りです。

7＋8＝15　　　　　　5＋6＋3＝14
3＋4＋9＝16　　　　4＋5＋5＝14
6＋2＋8＝16　　　　1＋5＋3＋6＝15

2 表に点数を書き入れると，次の通りです。

	1回目	2回目	3回目	4回目	5回目
なつみ	5	1	0	5	3
わたる	3	5	1	1	5

3 「なんばん目」の問題は，単元3で学習しました。本問も，○を使って考えるのは同じなのですが，その考え方を式に表して，計算で求めます。図を順序よくかきます。

（手順1）
みくさんは前から3番目

みく

（手順2）
みくさんとまさきさんの間に8人

みく　　　　　　　　まさき

（手順3）
まさきさんのうしろに5人

○○●○○○○○○○○○●○○○○○○
みく　　　　　　　　まさき

（手順4）
式にかく

3＋8＋1＋5＝17

この式に出てきた「3」「8」「1」「5」の数が何を表す数なのかを説明できるようにしましょう。まさきさんを表す「1」をたし忘れるミスをしやすいので，注意が必要です。

同じ場面でも，考え方によって，式は異なってきます。
例えば，3 でも，2＋1＋8＋1＋5＝17や，3＋9＋5＝17などがあります。
これらの式の1つ1つの数字が何を表しているか考えると，さらに学習が深まります。

4 問題の表に出ている数字は得点ではなく，さいころの目の数です。よって，得点の表を書き直す必要が出てきます。
得点の表は，次の通りです。

	1回目	2回目	3回目	4回目	5回目
しょう	5	0	6	1	0
かな	0	6	0	1	6

10 20までの ひきざん

★ 標準レベル 問題68ページ

1 ① 3 ② 2 ③ 2 ④ 5

2 | $11-3$ | $14-6$ | $12-5$ | $13-4$ |
( )　　　( )　　　(○)　　　( )

3 | $15-8$ | $17-9$ | $16-7$ | $18-9$ |
( )　　　(○)　　　( )　　　( )

4 (1) 6 (2) 5 (3) 4 (4) 9
(5) 7 (6) 6 (7) 6 (8) 2
(9) 6 (10) 9 (11) 6 (12) 8

5 (しき) $12-4=8$　　8まい

6 (しき) $15-7=8$
女の子が 8人 おおい。

解説

1 繰り下がりのあるひき算は，ひかれる数を「10といくつ」に分ける方法と，ひく数の方を分解する方法があります。

2 **3** **4** 即答できるようになるまで練習しましょう。

5 「残りの数」を求めるので，ひき算をします。

6 「いくつ違うか」を求めるので，ひき算をします。大きい方の数から小さい数をひきます。

★★ 上級レベル 問題70ページ

1 (1) はみがき (2) しろくま

2 (1)　　　　　　　(2)

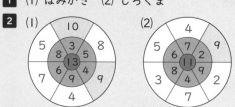

3 (1) 4 (2) 3 (3) 2 (4) 7
(5) 7 (6) 12 (7) 14 (8) 16

4 (しき) $16-5-4=7$　　7こ

5 (しき) $15-6=9$
$9-2=7$　　7かい

解説

3 前から順に計算します。(5)～(8)は，たし算とひき算が混じっているので注意が必要です。

(5) $14 - 6 + 2 - 3 = 7$
└─8─┘
　└─10─┘
　　　└─7─┘

(6) $17 + 1 - 9 + 3 = 12$
└─18─┘
　└─9─┘
　　└─12─┘

(8) $15 + 5 - 8 + 4 = 16$
└─20─┘
　└─12─┘
　　└─16─┘

$15 + 5$，$20 - 8$ は，2年生の内容ですが，おはじきや，○を使って，挑戦しましょう。

4 ともかさんとえみさんにあげた後に残った数が4個なので，ともかさんにあげた数と残った数をたして，16からひくと，えみさんにあげた数がわかります。

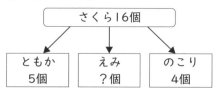

5 かずやさんは，みさとさんの15回より6回少ないから9回です。じゅんさんは，かずやさんの9回より2回少ないので，7回です。

4 1年生としては難しい魔方陣の問題です。

(1) 右の部分に着目します。

7＋6＋カの答えと
オ＋9＋カの答えが
同じです。

両方に含まれているカを除く

と，7＋6の答えとオ＋9の答えが同じとわ
かります。なので，オ＋9の答えは，7＋6
＝13です。

(2) 右の部分に着目します。

7＋ア＋イの答えと
9＋6＋アの答えが
同じです。

両方に含まれるアを除くと，

7＋イの答えと9＋6の答えが同じとわか

ります。なので，7＋イの答えは，9＋6＝
15です。

(3) (1)より，オ＋9＝13だからオは4。

(2)より，7＋イ＝15だから，イは8。

そこで，右のように，
一列の3つの数をたした
数は，4＋6＋8＝18と
わかります。

ア＋6＋9＝18だから，アは3。

7＋ウ＋4＝18だから，ウは7。

4＋9＋カ＝18だから，カは5。

イ＋エ＋カ＝18，8＋エ＋5＝18だから，
エは5。

5 場面を図にかいて整理します。

大きいかごの方が3個多いから，小さいかごは
9個です。初めに小さいかごに入っていたのは，
9個より5個少ない4個とわかります。

─ 中学入試に役立つ **アドバイス** ─

数が移動すると，移した方はその数だけ減
り，移って来た方は，その数だけ増えます。

★★★ 最高レベル　　問題**72**ページ

1

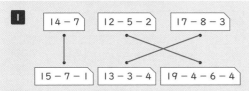

2 （しき）5－2＝3

14－5－3＝6　　6まい

3 （しき）18－7－3＝8　　8ばん目

4 (1) 13　(2) 15

(3) ア…3　イ…8　ウ…7　エ…5

オ…4　カ…5

5 （しき）17－5＝12

12－3＝9

9－5＝4　　4こ

解　説

1 それぞれの式の答えは，次の通りです。

14－7＝7　　　12－5－2＝5

17－8－3＝6　　15－7－1＝7

13－3－4＝6　　19－4－6－4＝5

2 「さおりさんの5枚がお母さんより2枚多い」
を言い換えると，

「お母さんは，さおりさんの5枚より2枚少ない」
だから，お母さんは3枚とわかります。

場面を図にかくと，

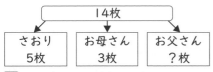

3 ○を使った図に表して考えると，

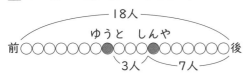

場面を式に表してみましょう。

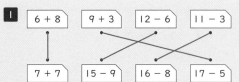

復習テスト⑦ 問題**74**ページ

1

6 + 8　9 + 3　12 - 6　11 - 3

7 + 7　15 - 9　16 - 8　17 - 5

2 (1) 14　(2) 8　(3) 15　(4) 12

(5) 3　(6) 5　(7) 4　(8) 16

(9) 14　(10) 2　(11) 7　(12) 14

3 （しき）2 + 3 + 8 = 13　　13本

4 （しき）12 - 7 = 5　　5まい

5 （しき）18 - 5 - 4 = 9　　9人

6 （しき）8 - 3 = 5

　　　　　5 + 6 = 11　　11こ

解 説

2 繰り上がりや繰り下がりに注意して計算しましょう。

(10) 20 - 5 は，先取り学習ですが，20個から5個除いた図を想像しながら挑戦しましょう。

20 - 5 - 8 - 5 = 2
└15┘
　└─7─┘
　　　└─2

3 2 + 3 = 5，5 + 8 = 13　と，式を2つに分けても正解です。

5 乗っている人の数を先に求めて，まとめてひく考え方もできます。その場合の式は，
5 + 4 = 9，18 - 9 = 9 です。

6 赤→青→黄色の順で，数を求めていきます。

復習テスト⑧ 問題**76**ページ

1 (1) 12　(2) 8　(3) 14　(4) 18

(5) 3　(6) 6　(7) 7　(8) 18

(9) 13　(10) 7　(11) 14　(12) 11

2 （しき）15 - 7 - 6 = 2　2こ

3 (1) 4と6と7（順不同）

(2) 3と6と7，4と5と7（順不同）

4 （しき）8 + 6 + 2 + 1 = 17　17とう

5 （しき）12 - 4 - 5 = 3　3本

解 説

2 りほさんと妹が食べたいちごの数を先に求めて，まとめてひく考え方もできます。その場合の式は，
7 + 6 = 13，15 - 13 = 2 です。

3 (1) 大きい3つの数5と6と7を選ぶと，答えは，5 + 6 + 7 = 18 です。
これより答えを1だけ小さくするので，5を4に替えます。

1小さい（ 5 + 6 + 7 = 18 ）1小さい
　　　　　 4 + 6 + 7 = 17

(2) さらに答えを1だけ小さくします。
・4を3に替えます。

1小さい（ 4 + 6 + 7 = 17 ）1小さい
　　　　　 3 + 6 + 7 = 16

・6を5に替えます。

1小さい（ 4 + 6 + 7 = 17 ）1小さい
　　　　　 4 + 5 + 7 = 16

このような考え方は，大人が教えるよりは，本人がカードを操作しながら発見することが望ましいです。

4 馬は 8 + 2 = 10，牛は 6 + 1 = 7
10 + 7 = 17　と，式を分けても正解です。

★ 標準レベル　　問題78ページ

1 (1) ① 20　② 30　③ 39
　　(2) ① 6　② 13　③ 43

2 (1) 69　(2) 75　(3) 73　(4) 86
　　(5) 40　(6) 60　(7) 37　(8) 81

3 (1)

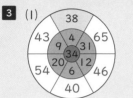

4 （しき）36 + 50 = 86　　86 円

5 （しき）16 + 22 = 38　　38 ページ

6 （しき）65 + 7 = 72　　72 人

解　説

1 2桁の数のたし算のしかたを学習します。2年生の内容の先取り学習となりますが，工夫しながら挑戦しましょう。

(1) 2桁の数を「何十といくつ」に分けます。「何十どうし」「いくつどうし」をたして，最後にあわせて，答えを出します。

(2) 繰り上がりのある計算です。位ごとに分けて計算する考え方は，2年生で学習する筆算につながります。

2 計算練習をします。

(4) 10 と 4，70 と 2 に分けます。
　　10 + 4 + 70 + 2 → 80 と 6 で 86
　　14 + 72 = 86

(8) 70 と 6 に分けます。5 + 6 の計算を先にします。
　　5 + 70 + 6 → 70 と 11 で 81
　　5 + 76 = 81

★★ 上級レベル①　　問題80ページ

1 (1) ① 6　② 10　③ 60
　　(2) ① 40　② 50　③ 61

2 (1) 40　(2) 70　(3) 60　(4) 70
　　(5) 43　(6) 82　(7) 64　(8) 74
　　(9) 94　(10) 82　(11) 94　(12) 93

3 （しき）13 + 47 = 60　　60 まい

4 （しき）26 + 15 + 8 = 49　　49 まい

5 （しき）37 + 5 = 42
　　　　　　37 + 42 = 79　　　79 本

6 （しき）14 + 32 = 46
　　　　　　46 + 29 = 75　　　75 さい

解　説

1 繰り上がりのある 2 位数 + 2 位数の計算のしかたを学習します。位ごとに分けて，同じ位の数どうしをたすことがポイントです。

── 中学入試に役立つ アドバイス ──

「たし算では，たす順序を変えても答えは変わらない」というきまりがあります。

例えば(1)で　30 + 4 + 20 + 6 では，前から順にたさず，30 と 20，4 と 6 を先に計算しています。

2 計算練習をします。

(1) 20 と 5，10 と 5 に分けます。
　　20 + 5 + 10 + 5 → 30 と 10 で，40
　　25 + 15 = 40

(5) 10 と 6，20 と 7 に分けます。
　　10 + 6 + 20 + 7 → 30 と 13 で，43
　　16 + 27 = 43

```
┌──────────────┐
│  買って来た折り紙  │
└──────────────┘
    ↓        ↓
┌─────────┐  ┌─────────┐
│使った 13枚 │  │残り 47枚 │
└─────────┘  └─────────┘
```

「買って来たおりがみ」は、「初めにあった折り紙」と同意です。

5 まず、チューリップの本数を求めてから、バラの本数とあわせます。

6 順序よく、それぞれの年齢を求めます。
お父さんは、かずやさん（14歳）より 32 歳上です。
おじいさんは、お父さんより 29 歳上です。

★★ 上級レベル②　　問題82ページ

I (1) ① 40　② 70　③ 80
　　(2) ① 9　② 16　③ 96

2 (1) 70　(2) 50　(3) 80　(4) 90
　　(5) 61　(6) 64　(7) 71　(8) 92
　　(9) 93　(10) 75　(11) 78　(12) 92

3 （しき）78 ＋ 15 ＝ 93　　93 円

4 （しき）46 ＋ 16 ＝ 62
　　　　　　62 ＋ 9 ＝ 71　　71 ページ

5 （しき）34 ＋ 7 ＝ 41
　　　　　　34 ＋ 41 ＝ 75　　75 人

6 （しき）42 ＋ 18 ＝ 60
　　　　　　60 ＋ 35 ＝ 95　　95 円

解説

4 昨日まで読んだ分と、今日読んだ分と残りの分をあわせると、全部のページ数になります。
3つの数を一度にたして求めることもできます。
式は、46 ＋ 16 ＋ 9 で、この計算は 84 ページで学習します。

5 女の子の人数を求めてから、男の子の人数とあわせます。

6 順序よく、それぞれの値段を求めます。
クッキーは、42 円より 18 円高いので、
42 ＋ 18 ＝ 60 で、60 円です。
クッキーとチョコレートでは、チョコレートの方が 35 円高いことを読み取ります。
60 ＋ 35 ＝ 95 で、95 円です。

★★★ 最高レベル　　問題84ページ

I (1) ① 6　② 9　③ 89
　　(2) ① 30　② 60　③ 72

2 (1) 68　(2) 97　(3) 80　(4) 80
　　(5) 94　(6) 94　(7) 88　(8) 99
　　(9) 80　(10) 96

3 （しき）38 ＋ 6 ＝ 44
　　　　　　38 ＋ 44 ＋ 13 ＝ 95　　95 円

4 （しき）25 ＋ 7 ＝ 32
　　　　　　32 ＋ 9 ＝ 41
　　　　　　25 ＋ 32 ＋ 41 ＝ 98　　98 こ

5 （しき）さやかさん…
　　　　　　20 ＋ 15 ＋ 0 ＋ 15 ＋ 0 ＝ 50
　　　　　　えいたさん…
　　　　　　20 ＋ 15 ＋ 25 ＋ 15 ＋ 0 ＝ 75
　　　　　　けんごさん…
　　　　　　0 ＋ 15 ＋ 0 ＋ 15 ＋ 25 ＝ 55
　　　　　　　えいたさん、75 てん

解説

2 計算練習をします。
(9) 12 ＋ 25 ＋ 11 ＋ 32 は、
　　10 ＋ 2 ＋ 20 ＋ 5 ＋ 10 ＋ 1 ＋ 30 ＋ 2 だから 70 と 10 で、80
　　12 ＋ 25 ＋ 11 ＋ 32 ＝ 80
(10) 41 ＋ 18 ＋ 16 ＋ 21 は、
　　40 ＋ 1 ＋ 10 ＋ 8 ＋ 10 ＋ 6 ＋ 20 ＋ 1 だから 80 と 16 で、96
　　41 ＋ 18 ＋ 16 ＋ 21 ＝ 96

3 文章をよく読んで整理しましょう。
まず、白い画用紙の値段は、38 円です。
次に、赤い画用紙の値段を求めます。
白い画用紙（38 円）より 6 円高いので、
38 ＋ 6 ＝ 44 で、44 円です。
最後に、持っているお金の金額を求めます。

---

4 順序よく，それぞれの個数を求めます。

レモンは 25 個です。

りんごは，レモン（25 個）より 7 個多いから，
25 ＋ 7 ＝ 32 で，32 個です。

みかんは，りんご（32 個）より 9 個多いから，
32 ＋ 9 ＝ 41 で，41 個です。

レモンとりんごとみかんの数をあわせます。

5 ルールを理解して，得点を表に書き入れます。

	1回目	2回目	3回目	4回目	5回目
さやか	20	15	0	15	0
えいた	20	15	25	15	0
けんご	0	15	0	15	25

それぞれの得点を求めて，比べます。

12 大きい かずの ひきざん

★ 標準レベル　　　問題86ページ

1 (1) ① 2　② 5　③ 35
　(2) ① 60　② 40　③ 42

2 (1) 43　(2) 23　(3) 5　(4) 11
　(5) 33　(6) 71　(7) 15　(8) 8

3 (1)
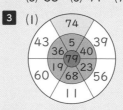
　(2)
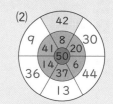

4 （しき）47 － 12 ＝ 35　35 こ

5 （しき）85 － 64 ＝ 21
　　　　ピンクの リボンが 21円 たかい。

6 （しき）70 － 13 ＝ 57　57 人

解 説

1 2桁の数のひき算のしかたを学習します。

2年生の内容の先取り学習となりますが，挑戦しましょう。

(1) 2桁の数を「何十といくつ」に分けます。「何十どうし」「いくつどうし」をひいて，最後にあわせて，答えを出します。

(2) 繰り下がりのある計算です。0 から 8 はひけないので，ひかれる数を「何十」と「10」に分けます。

2 計算練習をします。

(4) 58 を 50 と 8，47 を 40 と 7 に分けます。
　　50 ＋ 8 － 40 － 7 だから，10 と 1 で 11
　　58 － 47 ＝ 11

(6) 80 を 70 と 10 に分けます。
　　70 ＋ 10 － 9 だから，70 と 1 で 71
　　80 － 9 ＝ 71

1 (1) ① 12 　② 8 　③ 38
　　 (2) ① 70 　② 40 　③ 47

2 (1) 27 　(2) 56 　(3) 19 　(4) 25
　　 (5) 56 　(6) 66 　(7) 9 　(8) 9
　　 (9) 26 　(10) 57 　(11) 8 　(12) 39

3 (しき) 93 − 88 = 5 　　　　5さつ

4 (しき) 54 − 15 = 39
　　　　　 39 − 18 = 21 　　　21こ

5 (しき) 24 − 5 = 19
　　　　　 62 − 24 = 38
　　　　　 38 − 19 = 19 　　　19まい

6 (しき) 31 − 9 = 22
　　　　　 78 − 31 = 47
　　　　　 47 − 22 = 25
　　　　　 25 − 22 = 3
　　　　　　　　　☆が 3まい おおい。

解 説

1 繰り下がりのあるひき算のしかたを学習します。ひかれる数を「何十」と「十いくつ」に分けることがポイントです。

2 計算練習をします。

(1) 34 を 20 と 14 に分けます。
　　 20 + 14 − 7 → 20 と 7 で 27
　　 34 − 7 = 27

(3) 48 を 30 と 18 に, 29 を 20 と 9 に分けます。
　　 30 + 18 − 20 − 9 → 10 と 9 で 19
　　 48 − 29 = 19

(7) 67 を 50 と 17 に, 58 を 50 と 8 に分けます。
　　 50 + 17 − 50 − 8 → 9
　　 67 − 58 = 9

4

初めの 54 個から, ゆうじさんの分の 15 個と残りの 18 個を除いた分が, れいなさんが取ったあめの数です。

5 順序よくそれぞれの枚数を求めます。
妹は 24 枚です。弟は, 妹の 24 枚より 5 枚少な

いので, 24 − 5 = 19 で 19 枚です。

6 ○は 31 枚です。
次に文章をよく読んで, △と○では,「△の方が9 枚少ない」ことを読み取ります。
△は, 31 − 9 = 22 で, 22 枚です。

その次に, ☆の枚数を求めます。78 枚から○の枚数, △の枚数を順にひいた残りが☆の枚数です。☆は 25 枚です。
△の 22 枚と☆の 25 枚を比べます。

1 (1) ① 30 　② 10 　③ 17
　　 (2) ① 17 　② 9 　③ 39

2 (1) 48 　(2) 26 　(3) 16 　(4) 27
　　 (5) 19 　(6) 45 　(7) 62 　(8) 7
　　 (9) 6 　(10) 56 　(11) 59 　(12) 38

3 (しき) 62 − 37 = 25 　　25本

4 (しき) 54 − 15 = 39
　　　　　 39 − 33 = 6 　　　6まい

5 (しき) 23 + 14 = 37
　　　　　 95 − 23 = 72
　　　　　 72 − 37 = 35 　　　35まい

6 (しき) 27 − 9 = 18
　　　　　 80 − 27 = 53
　　　　　 53 − 18 = 35
　　　　　 35 − 18 = 17 　　　17こ

解 説

2 計算練習をします。

(1) 52 を 40 と 12 に分けます。
　　 40 + 12 − 4 → 40 と 8 で 48
　　 52 − 4 = 48

⑿ 97 を 80 と 17 に, 59 を 50 と 9 に分けます。

   80 + 17 − 50 − 9 → 30 と 8 で 38

   97 − 59 = 38

──── 中学入試に役立つ **アドバイス** ────

「ひき算の答えにひく数をたすと, ひかれる
数になる」というひき算のきまりがありま
す。これを利用して,答えの確かめができる。

（例）⑴ (52) − 4 = 48 の答えの確かめは

   48 + 4 = (52)

   同じ

6 桃味は 27 個です。ぶどう味は, 27 個より 9
個少ないです。いちご味は, 全部の数 80 個から
桃味の 27 個とぶどう味の 18 個を除いた残りの
数です。最後に, いちご味の 35 個とぶどう味の
18 個を比べます。

1 ⑴ ① 9　② 4　③ 24
　　⑵ ① 13　② 2　③ 32

2 ⑴ 11　⑵ 20　⑶ 2　⑷ 13
　　⑸ 31　⑹ 13　⑺ 53　⑻ 80
　　⑼ 62　⑽ 29

3 （しき）95 − 18 + 6 − 34 + 15 = 64　64 人

4 （しき）27 − 3 = 24
　　　　　27 − 9 = 18
　　　　　84 − 27 − 24 − 18 = 15　15 こ

5 （しき）16 + 61 +
　　　　　15 = 92
　　　　　92 − 9 = 83
　　　　　83 − 11 −
　　　　　66 = 6

	3 かい目
50 円玉	うら
10 円玉	うら
5 円玉	おもて
1 円玉	おもて

解 説

2 ⑺～⑽のようなたし算とひき算が混じった計
算は, 前から順に計算します。

⑺ 77 − 49 + 25 = 53
　　└28┘　　┘
　　　└──53──┘

⑽ 60 + 34 − 48 − 17 = 29
　　└94┘　　┘　　┘
　　　└─46─┘　　┘
　　　　└───29───┘

3 降りた人数をひいて, 乗ってきた人数をたし
ます。

4 赤は 27 個, 青は 24 個, 白は 18 個です。
全部の数から赤, 青, 白の数を順にひいた残りが
黄色の数です。

5 ゆうきさんは, 1 回目が 16 円, 2 回目が 61
円, 3 回目が 15 円, 合計 92 円です。さとしさ
んの 1 ～ 3 回目の合計は 92 − 9 = 83 で 83 円。
3 回目の金額は 6 円。だから, 5 円玉と 1 円玉
だけが「表」です。

1 (1) 60　(2) 34　(3) 58
　　(4) 70　(5) 62　(6) 92

2 (1) 38　(2) 47　(3) 34
　　(4) 8　(5) 17　(6) 53

3 （しき）43 − 28 = 15　　15人

4 (1)（しき）54 + 12 = 66　　66
　　(2)（しき）53 − 13 = 40　　40

5 （しき）39 − 15 + 22 = 46　46まい

6 （しき）64 + 8 = 72
　　　　　72 − 17 = 55　　55かい

解　説

1 くふうして計算します。

(2) 27 + 7 → 20 + 7 + 7
　　20と14で34　27 + 7 = 34

(3) 32 + 26 → 30 + 2 + 20 + 6
　　50と8で58　32 + 26 = 58

(4) 17 + 53 → 10 + 7 + 50 + 3
　　60と10で70　17 + 53 = 70

(5) 24 + 38 → 20 + 4 + 30 + 8
　　50と12で62　24 + 38 = 62

2 (1) 68 − 30 → 60 + 8 − 30
　　30と8で38　68 − 30 = 38

(2) 51 − 4 → 40 + 11 − 4
　　40と7で47　51 − 4 = 47

(3) 49 − 15 → 40 + 9 − 10 − 5
　　30と4で34　49 − 15 = 34

(4) 70 − 62 → 60 + 10 − 60 − 2で8
　　70 − 62 = 8

(5) 63 − 46 = 50 + 13 − 40 − 6
　　10と7で17　63 − 46 = 17

3 | 初めにいた　28人 | | 後から来た　？人 |
　　　　　　　あわせて　43人

43人と28人の違いが何人か求めることと同じなので，ひき算をします。

6 まいさんは，64回より8回多いので72回です。さとみさんは，まいさんの72回より17回少ないです。

1 (1) 90　(2) 45　(3) 94
　　(4) 60　(5) 66　(6) 96

2 (1) 33　(2) 79　(3) 18
　　(4) 7　(5) 32　(6) 48

3 （しき）74 + 18 = 92　　92こ

4 (1)（しき）40 + 16 = 56
　　　　　　95 − 56 = 39　　39
　　(2)（しき）82 − 37 = 45
　　　　　　45 − 19 = 26　　26

5 （しき）65 + 9 + 21 = 95　　95人

6 （しき）26 + 13 = 39
　　　　　85 − 26 = 59
　　　　　59 − 39 = 20　　20本

解　説

4 (1) 40より16大きい数は56です。56と95の違いはひき算で求めます。

6 白い花は，赤い花の26本より13本多いので39本です。

85 − 26 − 39　と1つの式に書いて，一度に計算することもできます。

1 (1)①

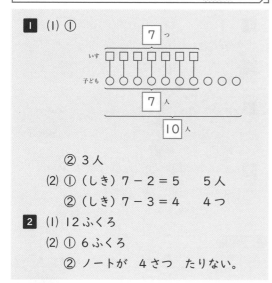

　　②　3人

　(2)①（しき）7－2＝5　　5人

　　　②（しき）7－3＝4　　4つ

2 (1) 12ふくろ

　(2)①　6ふくろ

　　　②　ノートが　4さつ　たりない。

解説

1 いすに1人ずつ座ることになるので、いすの数と座れる子どもの数は同じ数であることがポイントです。

(1)② 子どもはみんなで10人、そのうちいすに座れるのは7人。だから、座れないのは
10－7＝3（人）

(2)① 7つあったいすから2つ減らすと、いすの数は5つになります。だから、座れる子どもは5人です。

② 座れる子どもが3人なので、いすの数も3つです。7つあったいすを3つにするので、減らすいすの数は、4つです。

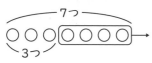

2 (1) ノート1冊と、消しゴム1個と鉛筆1本を線で結びます。

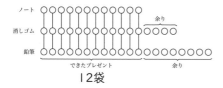

いちばん数が少ないノートの数と同じ数だけプレゼントができます。

ノートがなくなると、消しゴムや鉛筆が余っ

ていてもプレゼントはできないことがポイントです。

(2)① 問題の図に続きをかきこむと、下のようになります。

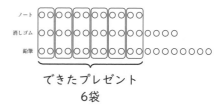

ノートがなくなったので、これ以上プレゼントはできません。

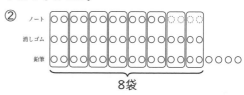

8袋できるまで、たりない所に○をかきたします。ノートがあと4冊あればよいことがわかります。

13 とけい

★　標準レベル　問題100ページ

1 (1) 3 じ　(2) 6 じ　(3) 9 じ
(4) 1 じ　(5) 11 じ

2 (1) 2 じはん　(2) 9 じはん
(3) 3 じはん　(4) 11 じはん
(5) 6 じはん

3 (1) 7 じ 10 ぷん　(2) 9 じ 20 ぷん
(3) 5 じ 50 ぷん　(4) 1 じ 15 ふん
(5) 3 じ 35 ふん　(6) 7 じ 25 ふん
(7) 6 じ 5 ふん　(8) 11 じ 9 ふん
(9) 4 じ 11 ぷん　(10) 6 じ 32 ふん
(11) 8 じ 49 ふん　(12) 11 じ 58 ぷん

4 (1) 　(2) 　(3)

解　説

1 2 3 時計を読む問題です。短針で「何時」を，長針で「何分」を読み取ります。短針が数字と数字の間にあるときは，小さい方の数字を読みます。即答できるまで練習しましょう。

4 長針をかき入れます。長針は，小さい 1 目盛りが 1 分を表していて，数字のある目盛りが 5 分刻みになっています。

★★　上級レベル　問題102ページ

1 (1) 10 じ　(2) 10 じ 20 ぷん
(3) 20 目もり

2 (1) 3 じ　(2) 4 じ
(3) 60 目もり

3 (1) あ 2 じ 55 ふん　い 2 じ 5 ふん
う 2 じ 35 ふん
(2) い→う→あ

4 (1) 5 目もり　(2) 10 目もり
(3) 20 目もり　(4) 45 目もり
(5) 60 目もり　(6) 60 目もり

解　説

標準レベルでは，「時刻」を読み取る学習をしました。上級レベルでは，針の動きから「時間」を考えます。2 年生の先取りになりますので，時計の針を実際に動かして考えてもよいでしょう。

2 (1) 左の時計を読みます。
(2) 右の時計を読みます。
(3) 長い針は 1 まわりしています。

3 時間の経過を考えます。
(1) それぞれの時計を読んで，「時刻」を答えます。
(2) 時計の針の動く方向を確認しましょう。

4 (5), (6) 長い針が 1 まわりすると，短い針は数字 1 つ分進むことにも着目しておきましょう。

★★★ 最高レベル

問題 **104** ページ

1 (1)
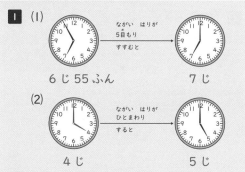
6 じ 55 ふん　ながい　はりが　5目もり　すすむと　7 じ

(2)
4 じ　ながい　はりが　ひとまわり　すると　5 じ

2 (1) 9 じ 5 ふん　(2) 8 じ 45 ふん

3 (1) 10 目もり　(2) 30 目もり

(3) 60 目もり

4 (1) 1 じ 10 ぷん　(2) 20 目もり

(3) ⓘ, ⓚ, ⓖ (順不同)

(4) 5 かい

解 説

1 時間の経過と針の進み方を結びつけます。

(1) 左の時計を読むと，6 時 55 分です。長い針が 5 目盛り進むと，数字の 12 のところへ移ります。

(2) 右の時計を読むと，5 時です。ここから長い針を 1 まわり戻したものが，左の時計です。長い針は逆に 1 まわりして再び数字の 12 のところをさします。短い針は，数字の 5 から 4 へ移ります。

2 長い針が 1 まわりすると，もとと同じ目盛りを指して，短い針は，数字 1 つ分移動します。

(1)
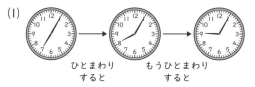
ひとまわりすると　もうひとまわりすると

3 6 時の時計を見比べて考えてもよいでしょう。

(1)
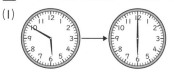

実際の時計の針を操作して確かめましょう。

┌─ 中学入試に役立つ **アドバイス** ─┐

時計には，アナログ時計とデジタル時計があります。

デジタル時計は，現在の時刻が一目でわかりやすい利点があります。

一方，アナログ時計は，時間の経過が針の動きでわかりやすい利点があります。

最近はデジタル時計が多くなりましたが，日常生活にアナログ時計を取り入れ，時間に関する感覚を身につけておくことが大切です。

4 複数の時計を見比べて，時間の経過を考察する問題です。

(1) ⓐ～ⓖの時計の時刻は次の通りです。

　ⓐ 12 時（正午）　ⓘ（午後）2 時 30 分

　ⓤ（午前）10 時 20 分　ⓔ（午前）10 時

　ⓞ（午前）11 時　ⓚ（午後）1 時 10 分

　ⓖ（午後）3 時

(2) ⓔ
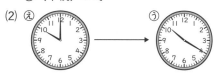
ⓤ

(3) ⓐ～ⓖの時計を順に並べると，下の通り。

　　ⓔ→ⓤ→ⓞ→ⓐ→ⓚ→ⓘ→ⓖ
　　　　　　　　　↑
　　　　おひるごはんをたべた

(4) ⓔ

ⓖ

短い針が数字の「10」から「3」まで，5 つ進んでいるので，長い針は 5 回まわっています。

14 ひょうや グラフ

★ 標準レベル

問題106ページ

1 (1)

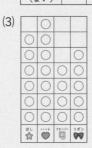

(2) くり　(3) バナナ　(4) 3こ

(5) みかんが　3こ　おおい。　(6) 27こ

2 (1) 7こ　(2) せんべい　(3) クッキー

(4) あめ　(5) 6こ

(6) ガムと　ゼリー（順不同）

(7) 40こ

3

おかし	ガム	あめ	せんべい	クッキー	ゼリー
かず（こ）	7	10	11	5	7

解説

1 物の数を分類して，絵グラフに整理して，考察します。

(1) 下から順に塗ります。

(6) 5と3と8と7と4をあわせた数です。1年生のたし算の学習の範囲外の計算なので1つ1つ数えて求めます。本教材単元11「大きいかずのたしざん」で学習したことを使って，5＋3＋8＋7＋4＝27と求めていたら褒めてあげましょう。

2 **3** 同じ題材を，**2**では絵グラフに，**3**では表に整理しています。**3**の表を使って，**2**の(1)～(7)の問いに答えてみると，表とグラフのそれぞれの特徴を実感できます。数を表に整理することは2年生で習う内容です。絵グラフから数をよみ取り，表に整理できていたら褒めてあげましょう。

★★ 上級レベル

問題108ページ

1 (1) ① 6まい　② 7まい

③ 4まい　④ 5まい

(2)

しゅるい	ほし ☆	ハート ♥	クローバー ♧	リボン 🎀
かず（まい）	6	7	4	5

(3)

(4) ☆・♥・♧・🎀

(5) 2まい　(6) 22まい

2 (1)

なまえ	にんじん	だいこん	なす	きゅうり
かず（本）	5	4	3	7

(2) きゅうり　(3) なす

(4) 2本　(5) 3本

(6) きゅうりが　2本　おおい。

(7) 19本

解説

1 標準レベルでは絵に色を塗る絵グラフを学習しましたが，上級レベルでは○を使ったグラフを学習します。2年生の先取り学習となります。挑戦しましょう。

2 表とグラフの両方を使って考察する問題です。

(1) 表の空欄にグラフから読み取った数を書き入れ，グラフの空欄には，表の数だけ○をかき入れます。

(2)～(7) 表とグラフのどちらを使って考えてもかまいません。どちらがわかりやすいか実感できるとよいでしょう。

1 (1)

	○	
	○	
○	○	○
○	○	○
○	○	○
サッカーボール	バレーボール	テニスボール

(2)

しゅるい	サッカーボール	バレーボール	テニスボール
かず（こ）	3	5	4

(3) 12 こ

2 7 こ

3 (1)

かのんさん　48円　まいかさん　34円　ひなさん　40円

(2)

しゅるい	⑩	⑤	①
かず（まい）	9	3	17

(3) 14 円

(4) （ かえます ・ かえません ）　← かえます に○

解 説

1 複雑な文章も，○を使ったグラフや表にまとめると，数量関係をつかみやすくなります。

(1) まず，サッカーボールの欄に○を3個かき入れます。

　　次に，バレーボールの欄に，3個より2個多い5個だけ○をかき入れます。

　　最後に，テニスボールの欄に，5個より1個少ない4個だけ○をかき入れます。

(3) 3＋5＋4＝12で，12個です。

2 ジャムパンは4個，クリームパンは5個です。あんパンは，16－4－5＝7で，7個です。

3 硬貨の種類ごとに整理して，考察します。

(1) かのんさんは，10円玉が4枚と5円玉が1枚と1円玉が3枚だから，

　　40＋5＋3＝48で，48円です。

　　まいかさんは，10円玉が3枚と1円玉が4枚だから，34円です。グラフの5円玉の欄は空欄のままで正解です。

　　ひなさんは，10円玉が2枚で20円と，5円玉が2枚で10円と，1円玉が10枚で10円です。あわせて，20＋10＋10＝40で，40円です。

(2) 10円玉は，4＋3＋2＝9，9枚

　　5円玉は，1＋0＋2＝3，3枚

　　1円玉は，3＋4＋10＝17，17枚

(3) 2年生の計算，48－34＝14で14円と求めてもかまいません。

　　しかし，5円玉を1円玉に両替する考え方も重要なので覚えておきましょう。

　　かのんさんの5円玉1枚を1円玉5枚に替えて，2人の共通部分を／で消すと，

かのんさん　　　　まいかさん

　　かのんさんが，10円玉1枚と1円玉4枚が残ります。かのんさんの方が14円多いとわかります。

(4) (2)で作った表に着目します。5円玉3枚を10円玉1枚と5円玉1枚に，1円玉17枚を10円玉1枚と1円玉7枚に替えると

しゅるい	⑩	⑤	①
かず（まい）	11	1	7

　　10円玉が11枚あれば，3人の合計金額は100円より多いので，100円の品物は買えます。

── 中学入試に役立つ アドバイス ──

入試では買い物の場面がよく出題されます。最近は，カード払いや電子マネーが普及していますが，実際の硬貨を使う経験をすることは，とても大切なことです。

1 (1) 2 じ 10 ぷん　(2) 9 じ 23 ぷん

(3) 4 じ 49 ふん

2 (1) 30 目もり　(2) 25 目もり

(3) 48 目もり　(4) 20 目もり

3 (1) 　　(2)

4 (1)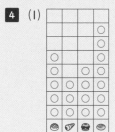

(2)

しゅるい				
かず (こ)	5	3	4	7

(3) 🍪・🍦・🍔・🍩

(4) 2 こ

(5) 🍪・🍦・🍩

(6) 19 こ

解　説

2 時計の針が進む方向に注意します。

(4)

20目盛り

3 長い針がひとまわりすると，長い針はもとと同じ位置に，短い針は，数字 1 つ分進みます。

(1) 短い針は「4」を指し，長い針は「12」を指します。

(2) 短い針は「12」と「1」の中間を指し，長い針は「6」を指します。

---

1 (1)　　　　(2)

(3)

2 (1) ㋐ 6 じ 35 ふん

㋑ 5 じ 30 ぷん（5 じはん）

㋒ 6 じ 25 ふん

㋓ 5 じ 58 ぷん

(2) ㋑→㋓→㋒→㋐

(3) 2 かい

3 (1) 6　(2) 2

(3), (4)

犬	ねこ	ハムスター	うさぎ
○			
○		○	
○	○	○	
○	○	○	○
○	○	○	○

(5) 犬→ハムスター→ねこ→うさぎ

(6) 4 ひき　(7) 2 ひき　(8) 17 ひき

解　説

2 理解しづらい場合は，実際に時計を操作して確かめましょう。

3 表とグラフを見比べながら考えます。

(1) グラフから犬の数がわかります。

(2) グラフからうさぎの数がわかります。

(3) 表から猫は 4 ひきとわかります。

(4) 表からハムスターは 5 ひきとわかります。

(6) 犬は 6，うさぎは 2 です。

(7) 犬は 6，猫は 4 です。

(8) 6 + 4 + 5 + 2 = 17（ひき）

15　ながさくらべ

★　標準レベル　問題116ページ

1 (1) ⓘ→ⓐ→ⓤ

　　(2) ⓤ→ⓐ→ⓘ

2 ⓘ

3 (1) ⓘ　(2) ⓐ

4 ⓐとⓚ，ⓘとⓔ，ⓤとⓞ（順不同）

5 (1) ⓘ　(2) ⓚ

解説

1 長さの比較をします。

(1) 一方の端をそろえて比べる直接比較です。

左端をそろえて，ⓐとⓘを比べると，ⓘの方が長いです。右端をそろえて，ⓐとⓤを比べると，ⓐの方が長いです。よって，ⓘ→ⓐ→ⓤの順。

(2) マスの数を単位にして，何マス分かで比べる任意単位比較です。ⓐは11マス，ⓘは10マス，ⓤは12マスだから，ⓤ→ⓐ→ⓘの順。

2 比べる長さを重ねて，はみ出した方を長いと判断する直接比較です。

3 (1) 斜めになっているⓘの方が長いです。

(2) ⓐを伸ばすと，ⓘより長いです。

4 ⓐとⓚは6つ分，ⓘとⓔは8つ分，ⓤとⓞは7つ分です。

★★　上級レベル　問題118ページ

1 ⓐ

2 (1) ⓤ→ⓐ→ⓔ→ⓘ→ⓞ

　　(2) ⓘ→ⓔ→ⓤ→ⓐ→ⓞ

3 (1) ⓞが　3こぶん　ながい。

　　(2) 6こぶん

4 (1) ⓞ

　　(2) ⓘとⓤ（順不同）

　　(3) ⓔとⓚ（順不同）

解説

1 折ると，ⓘの長さをⓐに重ねることができます。

2 (2) ⓐ〜ⓞの5つの長さを比べます。順序よく比べましょう。

いちばん長いのは，両端がはみ出しているⓘ。

2番目は，両端が外側の線に重なっているⓔ。

3番目は，右端が外側，左端が内側の線に重なっているⓤ。

4番目は，両端が内側の線に重なるⓐ。

最も短いのが，残りのⓞ。

3 身近にある，何かのいくつ分（任意単位）を使うと，長さの違いを数値化することができます。

(2) ⓤとⓔを比べます。12 − 6 ＝ 6，6個分。

4 ⓐ…4マス，ⓘ…9マス，ⓤ…6マス，ⓔ…8マス，ⓞ…10マス，ⓚ…3マス　を，メモしておきます。

(1) 4 ＋ 6 ＝ 10　10マス分の長さはⓞです。

(2) 違いが3マス分になるのは，ⓘの9マスとⓤの6マスです。

1 (1) えとか（順不同）

　　(2) うとえ（順不同）

　　(3) おとか（順不同）

　　(4) うとか，うとお（順不同）

2 (1) お→か→え

　　(2) け→く→き

　　(3) さ→こ→し

【解説】

1 まず，あ〜かのそれぞれの長さが何マス分かを調べて，メモしておくとよいでしょう。

あ…12 マス，い…5 マス，う…9 マス

え…4 マス，お…11 マス，か…7 マス

(1) あわせて 11 になる組み合わせを見つけます。

　　4 ＋ 7 ＝ 11 だから，えとかです。

(2) 12 － 7 ＝ 5，違いが 5 になる組み合わせを見つけます。9 － 4 ＝ 5 だからうとえです。

(3) 5 ＋ 9 ＋ 4 ＝ 18，あわせて 18 になるのは，11 ＋ 7 ＝ 18 だから，おとかです。

(4) 7 － 5 ＝ 2，違いが 2 になる組み合わせは，

　　9 － 7 ＝ 2 で，うとか

　　11 － 9 ＝ 2 で，おとう

2 箱の形については，2 年生で詳しく学習します。実際の箱を使って，向かいあう部分が同じ長さになっていることを理解しておきます。

(1)

あとい　　　あとう　　　いとう

まず，おとかを比べます。

あとか　　　いとか

あといではあの方が長いから，おはかより長いとわかります。

次にえとかを比べます。

あとい　　　　　　いとう

あとういではうの方が長いから，かはえより長いとわかります。

よって，お→か→えの順です。

(2)

ここで，どの箱にもあが含まれているので，あを 1 つ除くと，

あとい　いとう　あとう

(1)の結果を利用すると，長い順に

あとう→いとう→あとい

だから，長い順にけ→く→き

(3)

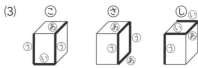

ここで，どの箱にもあ 1 つとう 1 つが含まれているので，それらを除くと，

いとう　あとう　いとい

(1)よりいとう，あとうを比べると，あとうの方が長いので，さがこより長い。

次にいとう，いといを比べると，

あとう，あといより，いとうの方が長い。つまり，こがしより長い。

よって，長い順にさ→こ→し

┌─── 中学入試に役立つ **アドバイス** ───┐

紙を折ったり，テープで長さを写し取ったり，実体験を積むことで，理解が定着します。

└──────────────────────┘

★　標準レベル　問題122ページ

1 (1) ⓘ　(2) ⓐ

2 (1) ⓐ

　　(2) ⓐ→ⓤ→ⓘ→ⓔ

3 ⓐ

4 ⓐ

5 ⓘが　コップ　3ばいぶん　おおく　入る。

解説

1 容器に入った水のかさを，水面の高さで比べる間接比較です。

(1) 同じ大きさの容器に入っているので，水面の高いⓘの方が多く入っています。

(2) 水面の高さは同じでも容器の大きさが異なることに着目します。

2 コップ何杯分かで比べる任意単位比較です。

3 一方をもう一方に移して比べる直接比較です。
ⓐの水がⓘに入りきらずあふれたので，ⓐの方が多いと判断します。
類題として，「ⓘにいっぱいの水をⓐに移していたらどうなったか」を尋ねてみましょう。

5 ⓐはコップ5杯分，ⓘは8杯分だから，
8－5＝3で，違いはコップ3杯分です。

★★　上級レベル　問題124ページ

1 ⓘ→ⓤ→ⓔ→ⓐ

2 (1) ⓔ→ⓘ→ⓐ→ⓤ

　　(2) ⓘ→ⓔ→ⓐ→ⓤ

3 (1) 6ぱいぶん

　　(2) 3こぶん

　　(3) 2はいぶん

4 かなたさん→さとしさん→あやめさん

解説

1 同じかさの水を大，小2つの入れ物に入れると，大の入れ物の方が水面が低くなることを，まずは理解しましょう。

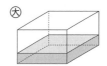

よって，容器の大きい順は水面の低い順に一致します。

2 共通する部分を除いて，残りの部分を比較します。

例えば，(2)では

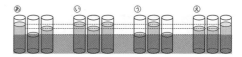

残りは，

ⓐ…▢▢　　　　　　ⓘ…▢▢▢

ⓤ…▢　　　　　　　ⓔ…▢▢▢

多く残った順は，ⓘ→ⓔ→ⓐ→ⓤです。

3 ⓐ…9杯分，ⓘ…4杯分，ⓤ…3杯分，ⓔ…6杯分です。

(2)

(3) ⓘ＋ⓤは，コップ7杯分です。ⓐには，9杯分まで入るから，9－7＝2，あと2杯分入ります。

4 あやめさん…6杯分，かなたさん…9杯分，さとしさん…8杯分です。

1 (1) え→あ→う→い
　　(2) い→あ→え→う
2 え→い→あ→う
3 お→か→う→あ→え→い
4 (1) きいろ
　　(2) 3 ばいぶん

解　説

1 水面の高さに着目します。

(1) 下の図のように，■■の部分を除くと，

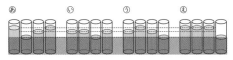

あ… ▭▭▭
い… ▭▭▭
う… ▭▭
え… ▭▭

よって，多い順に，え→あ→う→い

(2) 下の図のように，■■の部分を除くと，

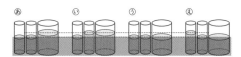

残りは

あ　　　い　　　う　　　え

▭　　▭▭　　　　　　▭

多く残った順は，い→あ→え→うです。

2 同じかさの水を入れた場合，底の面積が狭いほど，水面が高くなります。

3 まず，同じ大きさの入れ物どうしで比べます。
小さい入れ物あ，い，うで水面の高さから多い順に，う，あ，い
大きい入れ物え，お，かで水面の高さから多い順にお，か，えです。
ここで，お　　　か　　　え　のように間隔をあけて並べておき，ここにう，あ，いをはめこんでいきます。
あはえより多く，かはうより多いから

多い　　お　　か　　え　　少ない
　　　　　　　　↑↑
　　　　　　　　う あ

かとえの間にうとあが入ります。
最後に，えといを比べると，底の広さからえの方が多いので，お→か→う→あ→え→いの順になります。

— 中学入試に役立つ **アドバイス** —
　比較する場合は，同じ大きさの物どうしから比べます。

4 ジュースの動きを数字で表すと，次の通り。

赤	青	黄	緑
6	6	6	6
4	8	6	6
7	8	3	6
7	8	4	5

(2) いちばん多いのは青の8杯分，3番目に多いのは，緑の5杯分です。

17 ひろさくらべ

★ 標準レベル　問題 **128**ページ

1 (1) ⓘ　(2) ⓐ

2 (1) 8こ　(2) 9こ　(3) 10こ

3 ⓘ→ⓔ→ⓐ→ⓤ

4 (1) くろ　(2) くろ

5 ⓘが　2こぶん　ひろい。

解説

1 端をそろえて重ねて比べる直接比較です。はみ出した方が広いです。

3 同じ大きさの四角の数で比べます。

5 問題の図に線をかきこんで，考えます。

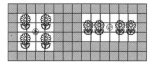

ⓐは 16 個分，ⓘは 18 個分です。

★★ 上級レベル　問題 **130**ページ

1 (1) ⓤ→ⓘ→ⓔ→ⓞ→ⓐ→ⓚ
　(2) 7こぶん

2 (1) 7こぶん　(2) 6こぶん

3 (1) 白　(2) くろ

4 ⓐ→ⓤ→ⓘ→ⓔ

5 (1) ひろとさん　(2) 3こ

解説

1 問題の図に線をかきこんで，マスの数を数えます。

(1) ⓐ…9マス分，ⓘ…14マス分，ⓤ…15マス分，ⓔ…12マス分，ⓞ…11マス分，ⓚ…8マス分です。

(2) いちばん広いのはⓤの 15 マス分，いちばんせまいのはⓚの 8 マス分です。

2 ⓐを，ⓘの広さずつに区切って考えましょう。
（例）

(1) 　　(2)

(1) ⓐは 21 マス分の広さです。これを 3 マスずつ区切ると，7 つに分けられるので，ⓘの 7 個分とわかります。

(2) ⓐは 30 マス分の広さです。これを 5 マスずつ区切ると，6 つに分けられるので，ⓘの 6 個分とわかります。

― 中学入試に役立つ **アドバイス** ―

問題の図に線をかきこむと，問題の意味がわかりやすくなる利点の他に，自分の考え方を示すことにも役立ちます。

4 図をさらに等分するとわかりやすくなります。

◸の何個分で考えると，

ⓐ…6 個分，ⓘ…4 個分，ⓤ…5 個分だから，ⓐ，ⓤ，ⓘの順です。

次にⓘは全体の半分で，ⓔは全体の半分より狭いので，ⓘ，ⓔの順です。

よって，ⓐ→ⓤ→ⓘ→ⓔとなります。

5 ゆりかさんが 16 マス分，ひろとさんが 19 マス分になります。

1 9 かい

2 (1) ⓐ→ⓔ→ⓘ→ⓤ

(2) ⓤ→ⓐ→ⓘ

3 (1) ⓐとⓞ, ⓚとⓦ（順不同）

(2) ⓔ

(3) ⓤとⓔ（順不同）

(4) ⓐとⓞ, ⓤとⓦ（順不同）

解 説

1 マスは全部で 35 あります。過半数の 18 マス取れば勝ちです。今，めいさんは 9 マス取っています。よって，18 − 9 ＝ 9 で，あと 9 回勝てばよいことがわかります。

2 三角の部分を工夫して考えます。

(1)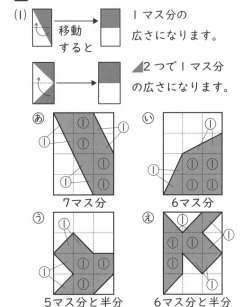

移動すると　1 マス分の広さになります。

◤2 つで 1 マス分の広さになります。

ⓐ 7マス分　ⓘ 6マス分

ⓤ 5マス分と半分　ⓔ 6マス分と半分

よって，ⓐ→ⓔ→ⓘ→ⓤの順です。

(2) ⓐ

同じ広さ　黒い部分は全体の広さの半分です。

同じ広さ　同じ広さ

ⓘ

黒い部分は全体の広さの半分より狭いです。

ⓤ

黒い部分は，全体の広さの半分より広いです。

よって，ⓤ→ⓐ→ⓘの順です。

3 ⓐ～ⓦの広さは，次の通りです。

ⓐ…5 マス分，ⓘ…15 マス分，ⓤ…13 マス分

ⓔ…6 マス分，ⓞ…10 マス分，ⓚ…4 マス分

ⓜ…7 マス分，ⓦ…8 マス分

(1) あわせて 15 マス分になる組み合わせを見つけます。

(2) ⓤとⓜの広さの違いは 6 マス分です。

(3) あわせて 19 マス分になる組み合わせを見つけます。

(4) 違いが 5 マス分になる組み合わせを見つけます。

Ⅰ え→い→お→あ→う

2 あ→う→え→い

3 う→あ→い

4 (1) くろ　(2) 白

5 (1) 12 こぶん

　　(2) え

　　(3) いとお（順不同）

解説

Ⅰ えは，上が外側の線に重なり，下は外側を越えているので，いちばん長いとわかります。

2番目は，上も下も外側の線に重なるので，いです。

3番目は，上が内側，下が外側のおです。

4番目は，上も下も内側のあです。

5番目は，残りのうです。

2 共通する □ の部分を除くと，違いがわかりやすくなります。

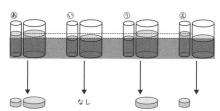

残った部分が多い順に，あ→う→え→いです。

5 1マスはあの2個分と考えます。

い…あの4個分，う…あの12個分

え…あの6個分，お…あの4個分

か…あの5個分，き…あの8個分

★　**標準レベル**　　　問題**136**ページ

Ⅰ あとか，いとお，うとき，えとく（順不同）

2

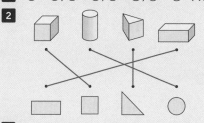

3 (1) 15本　(2) 12本

4 略

5 (1) 8まい　(2) 12まい

解説

Ⅰ 平面図形の特徴で仲間分けし，形の名前を覚えます。「ながしかく」と「ましかく」で同じ所，異なる所を挙げてみましょう。

2 立体図形の底面の形を写し取ります。これは立体を真上から見た形に一致します。

おおまかな形の名前も覚えておきましょう。

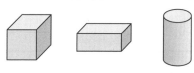

さいころの形　　箱の形　　筒の形

5 図に線をかき入れて数えましょう。

□は△2枚でできています。

(1)

(2)

★★ 上級レベル　　問題 138 ページ

1　(1) ⓘ　(2) ⓐ　(3) ⓒ　(4) ⓔ

2　(1) ⓐ

　　(2) ⓐ, ⓘ（順不同）

3　(1) 6 まい　(2) 7 まい

4　ⓐとⓒ, ⓘとⓕ（順不同）

解　説

1　棒の本数と長さに着目して考えます。

(1) 同じ長さの棒 3 本を使います。できるⓘの形は，正三角形といいます。（3 年生で学習します。）

(2) 長い棒 2 本と短い棒 2 本を使います。できるⓐの形は長方形といいます。（2 年生で学習します。）

(3) 3 本のうち，2 本が同じ長さです。できるⓒの形は二等辺三角形といいます。（3 年生で学習します。）

(4) 棒を 4 本使いますが，同じ長さが 4 本ならⓔの正方形です（2 年生で学習します）。しかし，ここではそうではなく，ⓔの形です。ⓔの形は台形といい，4 年生で学習します。

2　立体図形の底の形を紙に写すことができます。立体を置く向きによって，写し取れる形が変わるものもあります。いろいろな方向から考えましょう。

ⓐ…三角の他に長四角も写し取れます。

ⓘ…真四角や長四角が写し取れます。

ⓒ…円が写し取れます。

ⓔ…真四角だけ写し取れます。

ⓔ…円が写し取れます。

――中学入試に役立つ　アドバイス――

立体図形を平面に表す方法の 1 つに投影図があります。真上から見た図を平面図，正面から見た図を立面図といいます。立体をいろいろな方向から観察して，立体を平面図形に表したり，平面にかかれた図から立体をイメージしたりできる力を養いましょう。

3　(2) 図に線をかき入れて考えると，次のようになります。

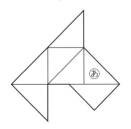

4　図形を回転させたときの形をイメージします。かど（頂点）の角や，線の長さなどの特徴に着目して，ぴったり重なる形を見つけます。

★★★ 最高レベル　　問題 140 ページ

1　(1) 4 本　(2) 6 本

2　① 4　② 9

3　(1) 28 本

　　(2) 14 本

4　(1) 5 こぶん

　　(2)（例）
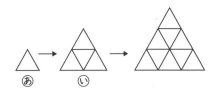

解　説

1　○をつけた棒を動かします。

(1)

(2)
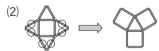

左の形の三角形の部分と，右の形の四角形の部分では，棒と棒が作る角が 60° から 90° に変わっています。実際に棒を操作してみると，理解しやすいでしょう。

2　下のような形を作ることができます。

△　→　△△△　→　△△△△△△

ⓐ　　　ⓘ

3 棒の並び方のきまりを把握します。

(1) 4番目の形は右の通り。

(2) 5番目, 6番目の形は下の通り。○のついた
棒が増えた分です。

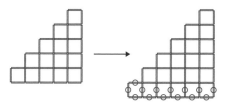

4 理解しづらい様子でしたら, 132ページ **2**
を復習してから再挑戦しましょう。

(1) ⓘを区切ってⓐ何個分の広さかを考えます。

がⓐ1個分と考えます。

はⓐ5個分です。

(2) 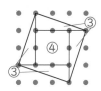が2個でⓐ3個分と考えます。

左の形が, ⓐ10個分の
真四角です。

---

19 いろいろな かたち2

★ 標準レベル　問題142ページ

1 (1) 6こ　(2) 5こ
2 (1) ⓘ　(2) ⓔ　(3) ⓤ
3 ⓐ 2　ⓘ 4　ⓤ 6
4 ⓤ, ⓚ (順不同)

解 説

積み木の形やさいころの形など, 立体図形につい
ては2年生以降で習う内容になります。

1 見えていない積み木も忘れずに数えましょう。

(1) 下の段に4個　上の段に2個あります。

(2) 下の段に3個, 真ん中の段に1個, 上の段に
1個あります。

2 実際に積み木を積んで確認するとよいでしょ
う。

4 さいころの展開図を考えます。組み立てたと
きの形を想像しながら考えましょう。

─ 中学入試に役立つ **アドバイス** ─

さいころの展開図は全部で11種類です。実
際に組み立ててみましょう。

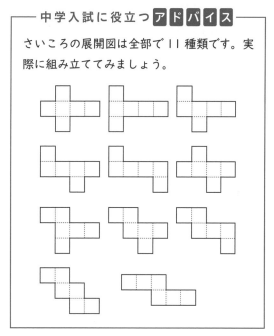

1 (1) 12こ　(2) 21こ
2 (1) 10こ　(2) 4こ
　(3)（例）

3 (1) ⓐ 5　ⓘ 3　ⓤ 6
　(2) ⓐ 4　ⓘ 5　ⓤ 1
4 3

解説

1 各列，上下に積まれた積み木の数は次の通り。

(1)
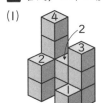
$4 + 2 + 3 + 2 + 1 = 12$

(2)
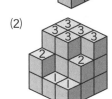
$3 + 3 + 3 + 3 + 3 + 2$
$+ 2 + 1 + 1 = 21$

2 (1)
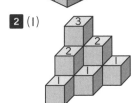
$3 + 2 + 2 + 1 + 1$
$+ 1 = 10$

(2) 積み木は全部で10個，見えている積み木は
　 6個。見えていない積み木は，$10 - 6 = 4$

3 展開図を組み立てたときに向かい合う面がど
れとどれかに着目します。

(1)
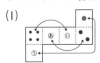
ⓐ…$7 - 2 = 5$
ⓘ…$7 - 4 = 3$
ⓤ…$7 - 1 = 6$

(2)

ⓐ…$7 - 3 = 4$
ⓘ…$7 - 2 = 5$
ⓤ…$7 - 6 = 1$

4 さいころを同じ方向に4回転がすので，上に
なる面は下のように移ります。

ⓞの上の面の目は
ⓐと同じ3です。

下のように目の数を書きながら考えることもでき
ます。

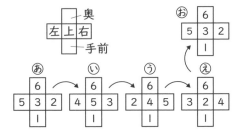

1 (1)（例）

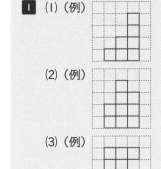

　(2)（例）

　(3)（例）

2 30こ
3 4
4

2 各段で，見えない積み木は次の通り。

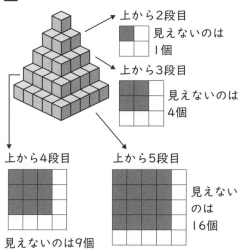

→ 上から2段目　見えないのは1個

→ 上から3段目　見えないのは4個

上から4段目　見えないのは9個

上から5段目　見えないのは16個

よって，1 + 4 + 9 + 16 = 30（個）

3 目の数の動きは次の通り。

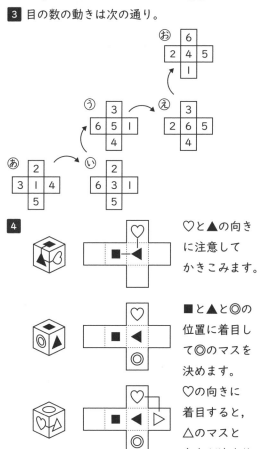

4

♡と▲の向きに注意してかきこみます。

■と▲と◎の位置に着目して◎のマスを決めます。

♡の向きに着目すると，△のマスと向きが決まります。

1　いとう（順不同）

2　(1)

(2)

3　(1) え
(2)（例）

4　6

1
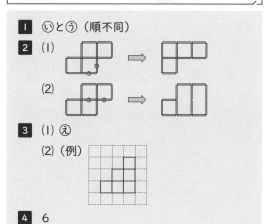

2 (1)
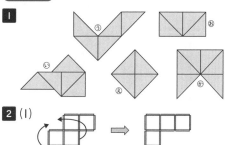

動かした棒を見つけにくい場合は，動いていない棒に着目する方法もあります。

3 正面から見た図にも挑戦しましょう。

4 組み立てたときの目の数は次の通り。

1 (1)

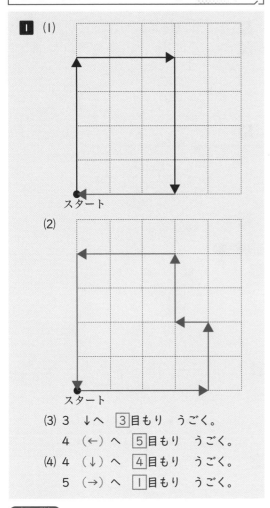

(2)

(3) 3 ↓へ ③目もり うごく。

    4 (←)へ ⑤目もり うごく。

(4) 4 (↓)へ ④目もり うごく。

    5 (→)へ ①目もり うごく。

解 説

プログラミングの基礎の学習です。命令の順番通りに動いたり，目的通りに動かすための命令を考えます。

1 (1)，(2)どちらの方向にどれだけ動くかを命令から読み取ります。

(3) 問題の図は，1，2の命令に従って動いたあとです。あと2つの命令でスタートに戻るには，次の図のように動かせばよいです。

3，4の動かし方を命令文で表します。

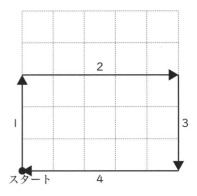

(4) スタートから出発して，真四角（正方形）をえがく道すじを考えます。

できる正方形の1辺の長さが，3目盛りではなく4目盛りであることに気づけるかがポイントです。

命令通りに動かしてできる図は，下の通りです。

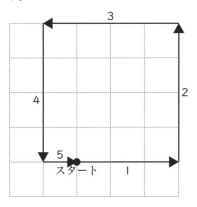

20 いろいろな　もんだい1

★ 標準レベル　　問題152ページ

1 (1) 5 (2) 4 (3) 4 (4) 6
(5) 2 (6) 3 (7) 6 (8) 2

2 (1) 2 (2) 1 (3) 6 (4) 9
(5) 2 (6) 8 (7) 9 (8) 9
(9) 8 (10) 9

3 (1) + (2) + (3) + (4) −
(5) − (6) + (7) − (8) −

4 (1)
```
    12
  4   8
1   3   5
```
(2)
```
    8
  5   3
3   2   1
```
(3)
```
    10
  4   6
4   0   6
```
(4)
```
    10
  3   7
2   1   6
```
(5)
```
    10
  5   5
2   3   2
```

解説

1 □を使った式は，3年生で習います。□のあるたし算の式で，□にあてはまる数を求めます。
(1)「3 といくつで8になるか」を考えます。

2 □のあるひき算の式で，□にあてはまる数を求めます。
(1)「5 からいくつひくと3になるか」を考えます。

3 たすと数は大きくなり，ひくと数は小さくなります。

4 (4) 上から順に考えます。

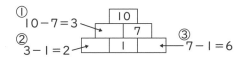

① 10−7=3
② 3−1=2
③ 7−1=6

★★ 上級レベル　　問題154ページ

1 (1) 5 (2) 10 (3) 6 (4) 9
(5) 7 (6) 10 (7) 13 (8) 15

2 (1) 10 (2) 6 (3) 50 (4) 40
(5) 30 (6) 9 (7) 60 (8) 90

3 (1) 5 (2) 3 (3) 2 (4) 10

4 (1)
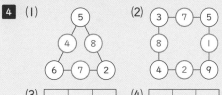

(2)

(3)
6	1	8
7	5	3
2	9	4

(4)
8	3	4
1	5	9
6	7	2

5 (1) 1 (2) 2

解説

1 □のある式で，□にあてはまる数を求めます。「十いくつ」の数を，「十」と「いくつ」に分けて考えると，わかりやすいです。
(1) 10と5で15です。
(3)「12といくつで18になるか」を考えます。

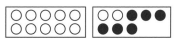

2 **1** より数値が大きくなります。「何十」と「いくつ」に分けて考えるとよいでしょう。

3 はじめに2つの数を計算して，式を簡単にします。
(1) 2 + 3+□ = 10 → 5 + □ = 10
(2) 10 + 5 − □ = 12 → 15 − □ = 12

4 (1) ア…5 + 6 = 11

11 + □ = 15

アは 4

イ…5 + 2 = 7

7 + □ = 15

イは 8

ウ…6 + 2 = 8, 8 + □ = 15　ウは 7

(3) 3 つのうち, 2 つがわかっている列から求めます。

ア…6 + 1 = 7

7 + □ = 15　アは 8

イ…6 + 2 = 8

8 + □ = 15　イは 7

ウ…1 + 5 = 6

6 + □ = 15　ウは 9

エ…ウは 9 だから, 2 + 9 = 11

11 + □ = 15　エは 4

6	1	ア
イ	5	3
2	ウ	エ

5 (1) 5 + 1 = 6, 5 − 1 = 4　だから　●は 1

(2) 3 + 2 = 5, 8 + 2 = 10　だから　▲は 2

6 (1) □は 7 より 5 大きい数だから, 7 + 5 で求められます。

(2) □は 8 より 7 大きい数だから, 8 + 7 で求められます。

8 (1) 11 より□小さい数が 9 です。11 − 9 で求められます。

(2) 15 より□小さい数が 6 です。15 − 6 で求められます。

── 中学入試に役立つ アドバイス ──

文章題で, わからない数があっても, □を使うと, 場面を式に表すことができます。

また, □にあてはまる数を計算で求めることができます。

（例）

（問題）初めにあめを何個か持っていました。5 個もらうと全部で 13 個になりました。初めにあめは何個ありましたか。

（式）□ + 5 = 13

（答え）□にあてはまる数は 8 だから

初めのあめの数は 8 個

★★★　最高レベル　　問題 156 ページ

1	① 8　② 8
2	(1) 9　(2) 3
3	① 3　② 3
4	(1) 7　(2) 8
5	① 12　② 12
6	(1) 12　(2) 15
7	① 4　② 4
8	(1) 2　(2) 9

解　説

2 (1) □は 13 より 4 小さい数だから, 13 − 4 で求められます。

(2) □は 11 より 8 小さい数だから, 11 − 8 で求められます。

4 (1) 8 より□大きい数が 15 です。15 − 8 で求められます。

(2) 6 より□大きい数が 14 です。14 − 6 で求められます。

問題158ページ

★ 標準レベル

1 (1)

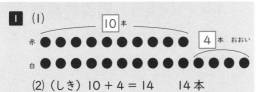

(2) （しき）10＋4＝14　　14本

2 (1)

```
            ┌─ 10 こ ─┐
みかん  ○○○○○○○○○○
りんご  ○○○○○○○ ○○○
                    └ 3 こ すくない
```

(2) （しき）10－3＝7　　7こ

3 （ず）

（例）
```
        ┌─ 9まい ─┐
みきさん ○○○○○○○○○
まおさん ○○○○○○○○○○○○○○
                    └ 5まい おおい
```

（しき）9＋5＝14　　14まい

4 （ず）

（例）
```
       ┌─── 12こ ───┐
あめ  ○○○○○○○○○○○○
ガム  ○○○○○○○○
                └ 4こ すくない
```

（しき）12－4＝8　　8こ

5 （ず）

（例）
```
       ┌── 11ぴき ──┐
犬    ○○○○○○○○○○○
ねこ  ○○○○○○○○○○○○○
                └ 2ひき おおい
```

（しき）11＋2＝13　　13びき

（解説）

大きい方の数を求めたり，小さい方の数を求めたりする問題では，大小関係を図に表すと，視覚的にわかりやすく，たし算かひき算か，式を正しく判断することができます。

★★ 上級レベル

問題160ページ

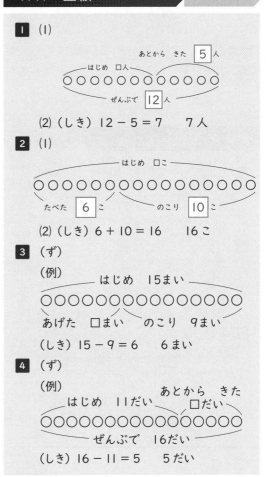

1 (1)

(2) （しき）12－5＝7　　7人

2 (1)

(2) （しき）6＋10＝16　　16こ

3 （ず）

（例）

（しき）15－9＝6　　6まい

4 （ず）

（例）

（しき）16－11＝5　　5だい

（解説）

わからない数量を□として，問題の場面を○を使った図に表します。

1 増加の場面で，「初めにあった数」を求める問題です。初めの人数を□人とします。

図から，□にあてはまる数は12より5小さい数とわかるので，12－5で求めます。

2 減少の場面で，「初めにあった数」を求める問題です。図から，食べた数と残りの数をあわせた数とわかるので，6＋10で求めます。

3 減少の場面で，「減った数」を求める問題です。あげた数を□枚とします。

まず，○を15個並べてかき，□個と9個に区切ります。図から，15より9小さい数とわかるので，15－9で求めます。

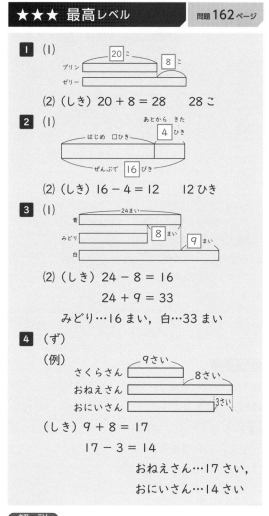

4 増加の場面で，「増えた数」を求める問題です。後から来た数を□台とします。

まず，○を11個並べてかき，16個になるまで○をかきたします。図から，16と11の数の違いを求めることになるので，式は16 − 11です。

★★★ 最高レベル　　問題162ページ

1 (1)

プリン　20 こ　8 こ
ゼリー

(2) (しき) 20 + 8 = 28　　28こ

2 (1)

はじめ □ひき　あとから きた 4 ひき
ぜんぶで 16 ぴき

(2) (しき) 16 − 4 = 12　　12ひき

3 (1)

青　24まい
みどり　8 まい　9 まい
白

(2) (しき) 24 − 8 = 16
　　　　　24 + 9 = 33

　　みどり…16まい，白…33まい

4 (ず)

(例)

さくらさん　9さい
おねえさん　8さい
おにいさん　3さい

(しき) 9 + 8 = 17
　　　17 − 3 = 14

　　　　おねえさん…17さい，
　　　　おにいさん…14さい

解説

1 158ページ**1**と同様，多い方の数を求める問題です。標準レベルは○を使った図でしたが本問はテープ図に表します。上下2本のテープで表すことがポイントです。

2 160ページ**1**と同様，増加の場面で，初めの数を求める問題です。1本のテープを2つの部分に分けた図で考えます。

─── 中学入試に役立つ───

1本のテープをいくつかの部分に分けた図で，全体の数はたし算で求められます。部分の数は，ひき算で求められます。

初め5人　後から3人
全部で8人

3 3つの数量を表すので，3本のテープ図にかいて考えます。

4 年齢のように，具体物でなくてもテープ図で表すことができます。長さは大まかでかまいません。さくらさんよりおねえさんが長く，おねえさんよりおにいさんが短くなるようにテープをかきます。

22 いろいろな もんだい 3

★ 標準レベル　問題164ページ

1 5, 9, 12, 17, 20, 21（順不同）

2 (1) クロ→ミケ→タマ

(2) チャオ→ショコラ→シロ

3 27

4 (1) マーク…♡, すう字…7

(2) マーク…◇, すう字…9

解説

2 左右を比べて下がっている方が重いことを確認しておきます。

(1) ミケとタマでは, ミケの方が重いです。ミケとクロでは, クロの方が重いです。

(2) シロとショコラでは, ショコラの方が重いです。右側の図で, チャオとショコラを比べます。シロがいなくなった場合, チャオとショコラのどちらが下がるか想像しましょう。

3 一の位が7の数字は2枚あるはずなのに, 見えているゼッケンには1枚しかありません。なので, 見えなくなっているゼッケンの一の位は7とわかります。

一の位と十の位の数字をたすと9になるのは2枚あるはずなのに, 見えているゼッケンには1枚しかありません。なので, 見えなくなっているゼッケンの一の位と十の位の数字をたすと9になるとわかります。

よって, 一の位は7, 十の位は2で, 27です。

4 (1) 左に♥のマークのカードがあるのは,

左 ♥3 ♠5 ◆9 ♠8 ♥7 ♠4 ♠8 ♠6 右

〇をつけた3枚です。このうち, ♠のマークではないのは, ♥の7だけです。

(2) となりのカードと数字をたして14になるのは, 下の⌒の組み合わせです。

左 ♥3 ♠5 ◆9 ♠8 ♥7 ♠4 ♠8 ♠6 右

4枚のうち, ♠でも♣でもないカードは, ◆の9だけです。

★★ 上級レベル　問題166ページ

1 (1) ① 2くみ

② （例）2くみの一のくらいのすう字が0から9のどれであっても, 109より大きいから

(2) ① 4くみ

② （例）4くみの十のくらいのすう字がいちばん小さい0であっても, 102より大きいから

(3) ① 6, 7, 8, 9（順不同）

② 0, 1, 2, 3, 4（順不同）

2 (1) 2年生→1年生→3年生

(2) あおいさん→ゆめさん→そうたさん

(3) ゆうとさん→れんさん→まやさん

3 (1) × (2) ×

解説

1 見えなくなった位に, 0から9の数字をあてはめながら考えます。

(3) ① 5組も75点だと同点です。5組が勝つのは一の位の数字が5より大きいときです。

② 5組が負けるのは, 一の位の数字が5より小さいときです。0を忘れないようにしましょう。

─ 中学入試に役立つ **アドバイス** ─

答えだけでなく, 求め方を説明, 記述させる問題が増えています。

2 (3) テープ図に表して考えます。

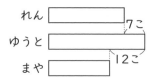

れんさんがまやさんより多いこと，また，その違いは，12 － 7 ＝ 5 で，5 個とわかります。

3 時計を見た順番に並べかえると，

家を出た　　　バス　　　電車　　遊園地に
　　　　　　　　　　　　　　　　　着いた

(1) バス→電車の順なので，間違っています。

(2) 11 時より早く遊園地に着いているので間違っています。

2 (2) みちるさん…10 円が 9 枚で 90 円
　　　かいとさん…10 円が 5 枚で 50 円，
　　　　　　　　　50 円と 50 円と 5 円で 105 円
　　　りょうさん…100 円と 10 円で 110 円

(3) かいとさんは 50 円玉 1 枚と 10 円玉を 5 枚出しておつりをもらっています。

5 円玉が 2 枚残ります。

りょうさんの 100 円玉を 10 円玉 10 枚に替えて考えます。

10 円玉が 2 枚残ります。

★★★ 最高レベル　　問題 168 ページ

1 (1) ① ○　② ○　③ △
(2) ① 100 てん　② 70 てん
　③（ 入った ・ 入らなかった ）

2 (1) かいとさん
(2) みちるさん…90 円，かいとさん…105 円，
　りょうさん…110 円

(3)

かいとさん　　りょうさん

解　説

1 (1) はるかさんの 10 回目が入ったか，入らなかったかの両方の場合を考えながら判断します。
　① はるかさんが 10 回目に入ったとしても，はるかさんは 6 回，わかなさんは 5 回で，みくりさんの 7 回が最も多いです。
　③ はるかさんが入れば，はるかさんの方が多いですが，入らなければわかなさんと同じです。この表だけではどちらとも言えません。
(2) ① 10 点が 10 個で 100 点です。
　③ 入った数が 6 回で 60 点だから，10 回目

★ 標準レベル 問題170ページ

1 (1)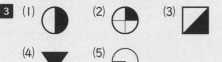

(2)

(3)

2 (1) ① ○　② 3　③ ●　④ 2

(2) ○

(3) ●

3 (1) 　(2) 　(3)

(4) 　(5)

4 (1) あ　い　う

（　）　（　）　（○）

(2) あ　い　う

（　）　（○）　（　）

解 説

1 (1) ○△△が，繰り返されています。

(2) □○☆□が，繰り返されています。

(3) ○●○●●が，繰り返されています。

2 (2)

(3) 5個ずつをひとまとまりに考えます。

4 (1) 左右反転した形が出てきます。

(2) 数が1個増えて出てきます。

★★ 上級レベル 問題172ページ

1 (1) 1　(2) 3　(3) 0

2 (1) 2

(2) ① 15　② 9

3 (1)（例）十のくらいの すう字と 一の
くらいの すう字が 入れかわる。

(2) ① 47　② 11

4 (1)（例）5ずつ 大きく なる。

(2) ① 0　② 5（①と②は順不同）

（ 入ります ・⟨入りません⟩）

解 説

1 (1) 1と2が繰り返されています。

(2)「1，2，3，2」が，繰り返されています。

(3)「1，0，1，1，0」が繰り返されています。

2 (2) ① 13より2大きい数が出てきます。

② 11より2小さい数を入れました。

3 (1) 記述する場合は，「一の位」「十の位」など
の用語を使うように心掛けましょう。

(2) ② 十の位と一の位の数が同じ場合です。

4 類題を作って挑戦してみましょう。

（例1）2 − 4 − 6 − 8 − 10 − 12 − 14 − 16 −
43 は　この列に入りますか？
答え　入りません。

（例2）9 − 18 − 27 − 36 − 45 − 54 − 63
この列のきまりは？
答えの例　十の位と一の位の数字を
たすと9
別解　左の数字に9をたすと，
右の数字になる。
81 はこの列に入りますか？
答え　入ります。

1 ① ○○○ （縦3行2列配置） ② ○○○○○○○○○○（配置）
③ ○○ ④ ○○○○

1 ① 〇 ② 〇〇〇〇〇
　 〇〇 　 〇〇〇〇〇
　 〇〇 　 〇〇〇
　 〇〇
　③ 〇 　④ 〇〇
　 〇 　 〇〇

2 (1) △ 　　　(2) ☆
　(3) 25 ばん目 　(4) 6 こ

3 (1) ㋐ 9 　㋑ 15 　㋒ 16 　㋓ 17
　(2) ① 1 　② 7

4 (1) (例) 左から　右へ　5 ずつ　大きく
　　　なる。
　(2) (例) 上から　下へ　3 ずつ　大きく
　　　なる。
　(3) 100

---

4 2年生で学習する九九の表の先取り学習を兼ねています。

数の並び方について気づいたことを自由に話させてみましょう。

表をすべてうめると，下の通りです。

		㋑							
1	2	3	4	5	6	7	8	9	10
2	4	6	8	10	12	14	16	18	20
3	6	9	12	15	18	21	24	27	30
4	8	12	16	20	24	28	32	36	40
5	10	15	20	25	30	35	40	45	50
6	12	18	24	30	36	42	48	54	60
7	14	21	28	35	42	49	56	63	70
8	16	24	32	40	48	56	64	72	80
9	18	27	36	45	54	63	72	81	90
10	20	30	40	50	60	70	80	90	㋒

（㋐は5の行を示す。㋒は右下100の位置）

解　説

1 ① ◆の箱は，入れた○の数より2個増えて
出てきます。

5個入れると，5 + 2 = 7 で，7個出てきます。

② ♥の箱は，2個入れると 2 + 2 = 4 で4個
出てきて，4個入れると 4 + 4 = 8 で8個
出てきます。

8個入れると，8 + 8 = 16 で，16個出てきます。

③ ♥の箱に1個入れると，1 + 1 = 2 で2個
出てきます。

④ ◆の箱に2個入れると，2 + 2 = 4 で，4個
出てきます。

2 〇◎△□☆の5つがひとまとまりで，繰り
返されています。

(3) ☆が出てくるのが　5番目，10番目，15番目，
…と，5とびになることに気づくとよいです。

5, 10, 15, 20, 25 だから 25 番目です。

(4) 〇が出てくるのは，

1, 6, 11, 16, 21, 26 番目の6個です。

24　いろいろな　もんだい 5

★　標準レベル　　問題176ページ

1 (1)

1	4	11	5	3	7

10	2	9	6	12	8

　　(2)（1 と 12）（2 と 11）（3 と 10）

　　　（4 と 9）（5 と 8）（6 と 7）（順不同）

2　1 と 6，2 と 5，3 と 4（順不同）

3　(1) 13，15（順不同）

　　(2) 13，15，31，35，51，53

4　(1)

　　（ゆなさん　1 こ，りくさん　5 こ），

　　（ゆなさん　2 こ，りくさん　4 こ），

　　（ゆなさん　3 こ，りくさん　3 こ），

　　（ゆなさん　4 こ，りくさん　2 こ），

　　（ゆなさん　5 こ，りくさん　1 こ）

　　(2) 5 とおり

　　(3) 6 とおり

解説

1 たして 13 になる数の組み合わせを調べます。
1 といくつ，2 といくつ，3 といくつ，…と順序
よく考えます。

2 「1 と 6」と「6 と 1」は同じことと考えます。

3 (2) 小さい順にかくように指定があるので，順
　不同は不正解になります。

4 (3)（ゆな　1 こ，りく　6 こ），
　（ゆな　2 こ，りく　5 こ），（ゆな　3 こ，りく　4 こ），
　（ゆな　4 こ，りく　3 こ），（ゆな　5 こ，りく　2 こ），
　（ゆな　6 こ，りく　1 こ）の 6 通り。
　「ゆなさんに 1 個，りくさんに 6 個」と
　「ゆなさんに 6 個，りくさんに 1 個」は
　違う分け方です。

★★　上級レベル　　問題178ページ

1 (1)（1 と 4），（2 と 5），（3 と 6），

　　　（4 と 7），（5 と 8），（6 と 9）（順不同）

　　(2)（9 と 2），（9 と 3），（9 と 4），（9 と 5），

　　　（9 と 6），（9 と 7），（9 と 8），

　　　（8 と 3），（8 と 4），（8 と 5），（8 と 6），

　　　（8 と 7），

　　　（7 と 4），（7 と 5），（7 と 6），

　　　（6 と 5）（順不同）

2 (1) 20，40，60，80

　　(2) 20，24，26，28，40，42，46，48，

　　　60，62，64，68，80，82，84，86

　　(3) 9 とおり

　　(4) 3 とおり

3 ② もか　③ れな　④ あみ

　　⑤ もか　⑥（順に）あみ，もか，れな

4 ③ もも　④ メロン　⑤ もも

　　（④と⑤は逆でも可）

　　⑥ メロン，もも（順不同）

解説

1 (1)

1	2	3	4	5	6	7	8	9

　　(2) 1 枚目を大きい数 9 とするとき

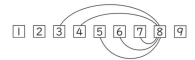

1	2	3	4	5	6	7	8	9

　1 枚目を 8 とするとき

1	2	3	4	5	6	7	8	9

　1 枚目を 7 とするとき，1 枚目を 6 とすると
きも同様に調べます。

　1 枚目が 5 以下の場合は，これまでに考えた
組み合わせに全て含まれるので考えません。

2 (3) 26，28，40，42，46，48，60，62，64
　の 9 通り。

　　(4) 40，62，84 の 3 通り。

3 （れなさん→もかさん）と（もかさん→れなさん）は，位置が違うので，異なる並び方と考えます。

— 中学入試に役立つ **アドバイス** —

れなさんを㋹，もかさんを㋲，あみさんを㋐と記号化して，樹形図にかいて調べる方法もあります。（小学校高学年の先取り学習です。）

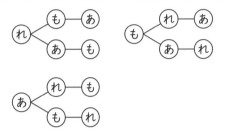

4

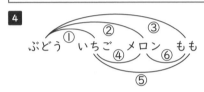
ぶどう　いちご　メロン　もも

のような図にかいて考えることもできます。

★★★ 最高レベル　　問題 **180** ページ

1
(1) （グー － チョキ）（チョキ － パー）（パー － グー）
れなさん　ゆめさん　れなさん　ゆめさん　れなさん　ゆめさん

(2) （グー － パー）（チョキ － グー）（パー － チョキ）
れなさん　ゆめさん　れなさん　ゆめさん　れなさん　ゆめさん
（順不同）

(3) （グー － グー）（チョキ － チョキ）（パー － パー）
れなさん　ゆめさん　れなさん　ゆめさん　れなさん　ゆめさん
（順不同）

(4) 9 とおり

2 10 とおり

3
(1) ① 10 円玉　1 まいと，5 円玉　1 まい
　　② 10 円玉　1 まいと，1 円玉　5 まい
　　③ 5 円玉　2 まいと，1 円玉　5 まい
(2) ① 10 円玉　2 まいと，5 円玉　1 まい，
　　　1 円玉　1 まい
　　② 10 円玉　2 まいと，1 円玉　6 まい
　　③ 10 円玉　1 まいと，5 円玉　2 まい，
　　　1 円玉　6 まい

4 3 とおり

解説

1 (4) 2 人のじゃんけんの出し方は，

の 9 通り。

2

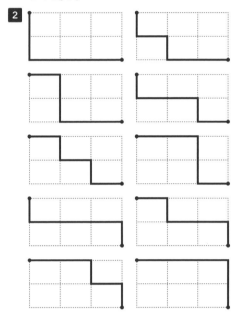

の 10 通り。

4 1 回目に 1，2 回目に 2，3 回目に 3 が出るのと，1 回目に 3，2 回目に 2，3 回目に 1 が出るのとでは，

目の出方は異なりますが，目の組み合わせは同じです。

よって，（1，1，4），（1，2，3），（2，2，2）の全部で 3 通りです。

★　標準レベル　問題182ページ

1

4本

2

↓🧍↓🧍↓🧍↓🧍↓🧍↓🧍↓🧍↓🧍↓

8人

3

6つ

4 (1) ① おとうさん…47さい，
　　　　 おじいさん…77さい
　　　② たいしさん…27さい，
　　　　 おとうさん…57さい，
　　　　 おじいさん…87さい

　　(2) いまから　30年　あと

　　(3) たいしさん…5さい，おとうさん…35さい，
　　　 おじいさん…65さい

　　(4) おとうさん…30さい，おじいさん…60さい

　　(5) 30さい

　　(6) 50さい

解説

1 木と木の間の数は，木の数－1です。

2 間の数が6だから，6より2だけ多いです。

3 円形に並んでいるとき，木の数と間の数は同
じになります。

─ 中学入試に役立つ アドバイス ─

等しい間隔で植えた木の本数と間の数は「植
木算」と言われ，よく出題されます。
1年生では，公式に頼ることなく，自分で図
に表して考える基礎力をつけましょう。

4 年齢は3人とも，1年に1歳ずつ大きくなり
ます。よって，差はいつも同じであることがポイ
ントです。

★★　上級レベル　問題184ページ

1 （しき）80 − 50 = 30　　30円

2 (1) （しき）80 − 60 = 20　　20円

　　(2) （しき）60 − 20 = 40　　40円

　　(3) 2こ

3 (1) （しき）4 + 2 + ☐2 + ☐4 = ☐12
　　　　↑　　↑　　↑　　↑
　　　　アの　イの　ウの　エの
　　　　かず　かず　かず　かず

　　　　　　　　　ご石は12こ

　　(2) （しき）3 + ☐3 + ☐3 + ☐3 = ☐12
　　　　↑　　↑　　↑　　↑
　　　　アの　イの　ウの　エの
　　　　かず　かず　かず　かず

　　　　　　　　　ご石は12こ

　　(3) （しき）2 + ☐2 + ☐2 + ☐2 + 4 = ☐12
　　　　↑　　↑　　↑　　↑　　↑
　　　　アの　イの　ウの　エの　かどの
　　　　かず　かず　かず　かず　かず

　　　　　　　　　ご石は12こ

　　(4) （しき）4 + ☐4 + ☐4 + ☐4 − 4 = ☐12
　　　　↑　　↑　　↑　　↑　　↑
　　　　アの　イの　ウの　エの　かさなった
　　　　かず　かず　かず　かず　ところの
　　　　　　　　　　　　　　　かず

　　　　　　　　　ご石は12こ

解説

1 共通する部分を除くと，

あめとあめ …… ⑩⑩⑩⑩⑩⑩⑩⑩
あめ …… ⑩⑩⑩⑩⑩

残った30円が，あめ1個の値段です。

2 **1** と同様に考えます。

チョコレートとグミ …… ⑩⑩⑩⑩⑩⑩
チョコレートとグミとグミ …… ⑩⑩⑩⑩⑩⑩⑩⑩

(1) 残った20円がグミ1個の値段です。

(2) チョコレートとグミで60円，そのうち，グ
ミが20円だから，チョコレートは40円です。

(3) チョコレート1個は40円。グミ1個は20
円です。40円は20円の2つ分です。

⑩⑩ ⑩⑩

1 (1) 5 つ　(2) 22 本

2 (1) 8 本

　(2) (例) おなじ　かずに　なります。

　(3) さくら…10 本, うめ…10 本

3 (しき) 7 + 2 + 4 = 13

　　　　　　　　　　　13 さい

4 (1) 2 こ　(2) 40 円

　(3) 20 円

5 (しき) 5 + 5 + 5 + 5 - 4 = 16

　　　　　　　　　　　16 こ

解説

1 182 ページ 1 と同様に考えます。

(1) のりしろの部分の数は, テープの本数より 1 だけ少ないです。

(2) (1)と逆に考えると, テープの本数は, のりしろの部分の数より 1 だけ多くなります。

2 182 ページ 3 と同様に考えます。

(3) 桜と梅は同じ数で, 合計 20 本です。

　20 を同じ数ずつ分けると, 10 と 10 です。

3 1 年たつと, 3 人はそれぞれ 1 歳だけ, 年齢が大きくなります。

現在, あみさんは 7 歳, 妹は 2 歳, 弟は 4 歳になっています。

4 (1) あめ 2 個とグミ…⑩⑩⑩⑩⑩⑩⑩⑩

　あめ 2 個をグミ 1 個に替えると

　グミとグミ…⑩⑩⑩⑩⑩⑩⑩⑩

　80 円で, グミは 2 個買えます。

(2) グミ 2 個が 80 円だから, グミ 1 個は半分の 40 円です。

　⑩⑩⑩⑩ ⑩⑩⑩⑩

(3) あめ 2 個の値段は, グミ 1 個の 40 円です。

　あめ 1 個の値段は, 40 円の半分の 20 円です。

5 理解しづらいようなら, 185 ページ 3 (4)を参考にしましょう。

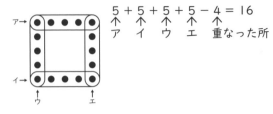

$$5 + 5 + 5 + 5 - 4 = 16$$

ア　イ　ウ　エ　重なった所

余裕があれば, 185 ページ 3 (1)〜(3)の考え方にも挑戦して, 図と式に表してみましょう。

(1)の考え方　　5 + 3 + 3 + 5 = 16

(2)の考え方　　4 + 4 + 4 + 4 = 16

(3)の考え方　　3 + 3 + 3 + 3 + 4 = 16

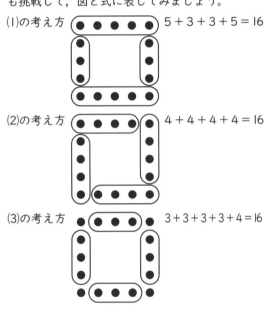

❶ (1) 5　(2) 6　(3) 90　(4) 5

❷ (ず)

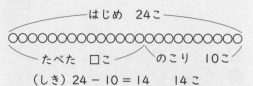

```
―――― はじめ　24こ ――――
○○○○○○○○○○○○○○○○○○○○○○○○
―― たべた　□こ ――　　　―― のこり　10こ ――
```

(しき) 24 − 10 = 14　　14こ

❸

	1かい目	2かい目	3かい目	4かい目
みほさん	うら	おもて	おもて	うら
まいさん	おもて	おもて	うら	おもて

❹ (1) (例) ○ ○ △ △ ○が　くりかえし
　　ならびます。

　(2) △

❺ (1) 4と6，5と5（順不同）

　(2) 5と6，6と6（順不同）

❻ (しき) 100 − 70 = 30

　　　　　70 − 30 = 40　　　　　40円

解説

❸ 点数を表に書きこむと，次の通りです。

	1回目	2回目	3回目	4回目
みほさん	0	5	10	
まいさん	10	5	0	

3回目まででは，同点です。

つまり，4回目はまいさんが勝ったことがわかり
ます。

❺ 2個のさいころをふるので，同じ目が出るこ
とがあります。

❻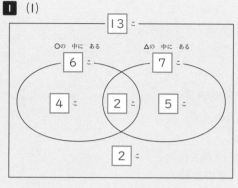

鉛筆1本は，100円と70円の差の30円です。
鉛筆と消しゴムで70円で，そのうち鉛筆が30
円だから，消しゴムは40円です。

❶ (1)

```
┌────── 13こ ──────┐
│   ○の 中に ある   △の 中に ある   │
│      6こ         7こ          │
│   ( 4こ  ( 2こ )  5こ )        │
│                              │
│           2こ                │
└──────────────────┘
```

(2)

		△		ごうけい
		中	そと	
○	中	2	4	6
	そと	5	2	7
	ごうけい	7	6	13

❷ (1)

		△		ごうけい
		中	そと	
○	中	1	5	6
	そと	2	4	6
	ごうけい	3	9	12

(2) 1こ

解説

おはじきの数を，○の中にあるかないか，△の
中にあるかないかで分類して整理します。その際，
図や表を利用すると便利です。

❶ (1) このような図をベン図といいます。
　問題の図のヒントを手がかりに，おはじきの
　数を数えて，数を書きこみます。

(2) このような表を二次元表といい，4年生で学
　習します。先取り学習をしましょう。

2 (1) 文章に沿って，わかっている数を表に書き
入れ，あとは計算でわからない数を求めます。
（手順 1）
文章に出てくる数，
12, 6, 3, 4 を表
の正しい欄に書き
入れます。

	△ 中	△ そと	ごうけい
○ 中			6
そと		4	
ごうけい	3		12

（手順 2）
表の空欄㋐～㋔に
あてはまる数を計
算で求めます。
㋓…12 − 6 = 6
㋔…12 − 3 = 9
㋑…9 − 4 = 5
㋒…6 − 4 = 2
㋐…3 − 2 = 1

	△ 中	△ そと	ごうけい
○ 中	㋐	㋑	6
そと	㋒	4	㋔
ごうけい	3	㋓	12

（手順 3）
表に数を書き入れ
ます。

	△ 中	△ そと	ごうけい
○ 中	1	5	6
そと	2	4	6
ごうけい	3	9	12

(2) ○と△が重なったところのおはじきは，表の
㋐の欄の数を読み取って，1個です。
完成した表から，問題の
図におはじきの配置を再
現すると，右のようにな
ります。

総仕上げテスト①

1 (1) ① 3 ② 3 (2) ① 5 ② 4
2 (1) 85 — 90 — 95 — 100 — 105 — 110
(2) 115 — 105 — 95 — 85 — 75 — 65
(3) 100 — 80 — 60 — 40 — 20 — 0
3 (1) 7 (2) 10 (3) 1 (4) 0
4 (1) 13 (2) 6 (3) 18 (4) 16 (5) 29
(6) 90
5 （しき）12 − 9 + 8 = 11   11 まい
6 （しき）50 − 10 = 40
　　　　 50 + 40 = 90   90 本
7 (1) ㋐ 3 じ 20 ぷん　㋑ 4 じ
(2) 40 目もり
8 (1) ㋐→㋒→㋑
(2) ㋑
9

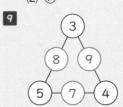

10 てんすうが おおいのは 1 くみ
（りゆう）（例）1 くみの 十のくらいの
すう字が 0 から 9 の どれで あっ
ても 105 より 大きいから。
11 （ず）
　　　　　　　　　　　あとから きた
　　　はじめ 9人　　　　　□人
　○○○○○○○○○ ○○○○○○
　　　　　　みんなで 15人
（しき）15 − 9 = 6   6 人

68

1 (2) 先に１個をもえさんの分とし，残りの8個を同じ数ずつに分けます。

2 数がいくつずつ大きくなっているか，または小さくなっているかに着目します。

(1) 5ずつ大きくなっています。

(2) 85と65の真ん中の数は75です。10ずつ小さくなっています。右側のマスから答えを75，95，115と埋めていく方が考えやすいかもしれません。

(3) 100と60の真ん中の数は80です。20ずつ小さくなっています。20より20小さい数は0です。

3 4 計算の総仕上げです。3つの数の計算は前から順に計算します。ミスなく，速くできるようにしておきましょう。

5 「増えると　いくつ」はたし算で，「減ると　いくつ」はひき算で求めます。式を2つに分けていても正解です。

6 先にユリの数を求めると，50 − 10 = 40で40本です。次に，バラの数とユリの数をあわせます。

7 時計の読み方を理解しているか確かめる問題です。針の進む方向も確認しておきましょう。

8 (1) 同じ大きさの容器に入っているので，水面の高さで比べます。どちらも上の目盛りの⑧がいちばん多く，どちらも下の目盛りの⑥がいちばん少ないです。

(2) 線をかきこんで，◢のいくつ分で比べます。

⑧ 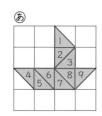　⑥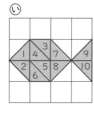

9 ア…3 + □ + 5 = 16

    8 + □ = 16

    □にあてはまる数は，16 − 8で求められます。

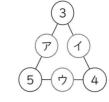

イ…3 + □ + 4 = 16

    7 + □ = 16

    □にあてはまる数は，16 − 7で求められます。

ウ…5 + □ + 4 = 16，9 + □ = 16

    □にあてはまる数は，16 − 9で求められます。

10 1組の十の位に0から9の数字を入れて，確かめておきましょう。

11 増加の場面で，「増えた数」を求める問題です。後から来た人数を□人とします。図から15と9の数の違いを求めることになるので，式は，15 − 9です。

総仕上げテスト②

1 ① 10 ② 4 ③ 3 ④ 6

2
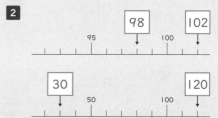

3 (1) 4 (2) 9 (3) 8 (4) 7

4 (1) 11 (2) 9 (3) 6 (4) 8 (5) 84

(6) 61

5 （しき）15 − 5 − 4 = 6　　　　6こ

6 （しき）18 − 6 − 8 = 4

      6 − 4 = 2

      赤い　花の　ほうが　2本

      おおい。

7 (1)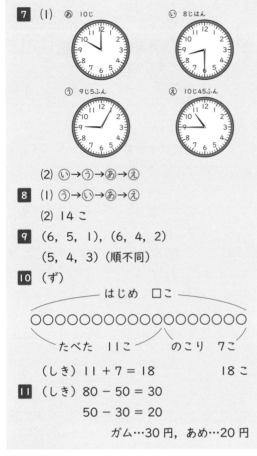
あ 10じ　　　い 8じはん
う 9じ5ふん　　え 10じ45ふん

(2) い→う→あ→え

8 (1) う→い→あ→え
(2) 14こ

9 (6, 5, 1), (6, 4, 2)
(5, 4, 3)（順不同）

10 （ず）

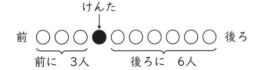
はじめ　□こ
たべた　11こ　　のこり　7こ

（しき）11 ＋ 7 ＝ 18　　　　18こ

11 （しき）80 － 50 ＝ 30
50 － 30 ＝ 20
ガム…30円，あめ…20円

解 説

1 「何番目」の問題です。

けんた
前 ○○○●○○○○○○ 後ろ
前に　3人　　後ろに　6人

けんたさんの前の人数に，けんたさんは含めないことに注意します。
本問では，図を見て解きますが，問題19ページのような文章題も復習しておくとよいでしょう。

2 数の線では，1目盛りの大きさに着目することが大切です。
上の数の線は，95と100の間を5目盛りで分けているので，1目盛りは1を表します。
100より2小さい数と100より2大きい数を答えます。
下の数の線は，50と100の間を5目盛りで分けています。1目盛りは10を表します。

3 計算問題です。
(3)  3 － 0 ＋ 5 ＝ 8
(4)  5 － 2 － 3 ＋ 7 ＝ 7

4 計算問題です。繰り上がりや繰り下がりに注意します。

5 理解しづらい場合は，次の手順で図に示してみましょう。
（手順1）○を15こかく
○○○○○○○○○○○○○○○
↓
（手順2）作った分だけ色を塗る
●●●●●●●●●●○○○○○
あやか　　たくみ

（別解）2人が作った数を先に求めて，まとめてひく考え方もできます。
その場合の式は，
5 ＋ 4 ＝ 9，15 － 9 ＝ 6 です。

6 問題文に黄色の花の数が出ていないので，計算で求めます。
18 － 6 － 8 ＝ 4 で，4本です。
赤い花の6本と，黄色の花の4本の違いを計算で求めます。
6 － 4 ＝ 2 で，2本です。

7 (1) 短針が「何時」を，長針が「何分」を表します。

　　あ…数字の 12 を指します。

　　い…8 時半は 8 時 30 分と同じことです。長針は数字の 6 を指します。
　　　　また，短針は，数字の 8 と 9 のちょうど真ん中を指すことも覚えておきます。

　　う…数字の 1 を指します。

　　え…数字の 9 を指します。

(2)「何時」の数字の小さい 8 時半のいが最初で，次が 9 時 5 分のうです。
　　あとえは「何分」で比べます。

8 (1) あ〜えの 4 つの長さを，順序よく比べましょう。

　　いちばん長いのは，両端が外側の線に重なっているう。

　　2 番目は，端の一方が外側，一方が内側の線に重なっているい。

　　3 番目は，両端が内側の線に重なっているあ。

　　4 番目は，残りのえ。

(2) 見えていない積み木の数も数えます。

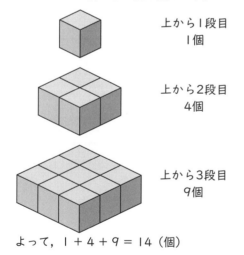

上から1段目
1個

上から2段目
4個

上から3段目
9個

よって，1 + 4 + 9 = 14（個）

9 たして 12 になる 3 つの数の組み合わせを調べます。

大きい 3 つの数 6 と 5 と 4 を選ぶと
答えは 6 + 5 + 4 = 15 です。

これより 3 だけ小さくするので
4 を 1 に替えると，

$$6 + 5 + 4 = 15$$
$$\downarrow$$
$$6 + 5 + 1 = 12$$

同様に 5 を 2 に替えると

$$6 + 5 + 4 = 15$$
$$\downarrow$$
$$6 + 2 + 4 = 12$$

同様に 6 を 3 に替えると

$$6 + 5 + 4 = 15$$
$$\downarrow$$
$$3 + 5 + 4 = 12$$

ここで大切なことは，（6 と 5 と 1）と（6 と 1 と 5）や（5 と 1 と 6）などは同じ組み合わせなので，重複して答えないことです。

10 減少の場面で，「初めにあった数」を求める問題です。初めの数を □ 個とします。図をかくと，食べた数と残りの数をあわせた数とわかるので，式は，11 + 7 です。

11 共通する部分を除くと，

ガムとガムとあめ ⑩⑩⑩⑩⑩⑩⑩⑩

　　ガムとあめ ⑩⑩⑩⑩⑩

残った 30 円がガム 1 個の値段です。
ガムとあめで 50 円，そのうちガムが 30 円だから，あめは 20 円です。

最高クラス問題集

さんすう 小学 1 年

問題編

旺文社

最高クラス問題集

さんすう
小学**1**年

問題
編

旺文社

1 あつまりと　かず

ねらい 物の数を○に置き替えて，多さを比べることができるようにする。

★ 標準レベル　　　　　⏱10分　　　　／100　　答え7ページ

1 おなじ　かずを　せんで　むすびなさい。〈6点×4〉

 ・　　・

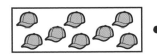 ・　　・

 ・　　・

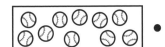 ・　　・

2 おなじ　かずだけ　○を　ぬりなさい。〈6点×4〉

(1)

(2)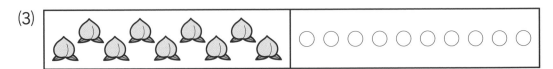

(3)

(4)

3 おなじ　かずだけ　下(した)に　○を　かきなさい。〈6点×4〉

(1)
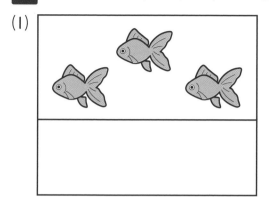

(2)

(3)
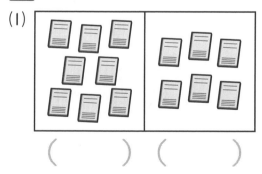

(4)
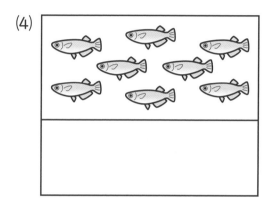

4 かずの　おおい　ほうに　○を　つけなさい。〈7点×4〉

(1)
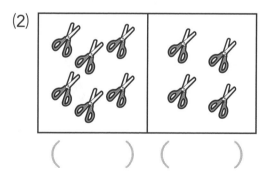

(　　　　)　(　　　　)

(2)

(　　　　)　(　　　　)

(3)
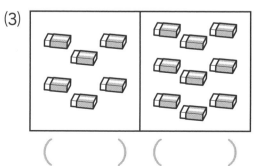

(　　　　)　(　　　　)

(4)
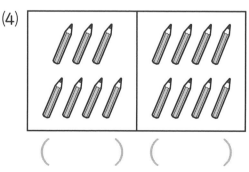

(　　　　)　(　　　　)

★★ 上級レベル　　⏱15分　　／100　　答え7ページ

1　えを　見^みて，かずだけ　○に　いろを　ぬりなさい。〈6点×4〉

(1)

(2)

(3)

(4)

2　えを　見て，かずだけ　○に　いろを　ぬりなさい。〈6点×3〉

(1) ひらいた　かさの　かず

(2) とじた　かさの　かず

(3) ひらいた　かさと　とじた　かさ　を
　　あわせた　かず

3 ケーキと おなじ かずに なるように ○を かきたしたり, ○を ／で けしたりしなさい。〈9点×4〉

(1)

(2)

(3)
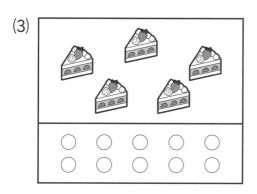

(4)
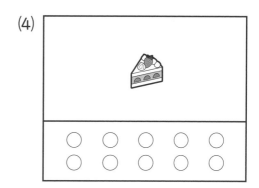

4 みほんと おなじ かずに なるように ○や □や △を かきたしたり, ／で けしたりしなさい。〈11点×2〉

みほん
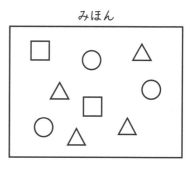

(1)
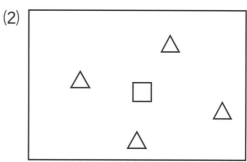

(2)

★★★ 最高レベル　　　　🕐**20**分　　　／100　　答え**8**ページ

1 ゆうたさん，みなみさん，かおりさんが どんぐりを ひろいました。〈10点×4〉

ゆうたさん　　　　みなみさん　　　　かおりさん

(1) おおい じゅんに なまえを かきなさい。

さん→　　　　さん→　　　　さん

(2) ゆうたさんと みなみさんの どんぐりを あわせた かずだけ ○を かきなさい。

(3) いちばん おおい 人（ひと）と いちばん すくない 人では，なんこ ちがいますか。ちがいの かずだけ ○を かきなさい。

(4) みなみさんが どんぐりを ゆうたさんに ひとつ，かおりさんに ふたつ あげました。どんぐりの かずは どのように なりましたか。どんぐりの かずだけ かごの 中（なか）に ○を かきなさい。

ゆうたさん　　　　みなみさん　　　　かおりさん

2 おはじきの　かずだけ　いろを　ぬりなさい。〈10点×2〉

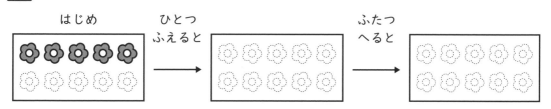

3 りんごを　みかさんと　なおとさんで，おなじ　かずずつ
わけます。わけた　あとの　りんごの　かずだけ　いろを　ぬりなさい。

〈10点〉

4 りくさん，まおさん，みくさん，れんさんに　みかんを
くばります。〈15点×2〉

 りくさん　　　 まおさん　　　 みくさん　　　 れんさん

(1) ひとりに　ひとつずつ　くばります。みかんは　なんこ
いりますか。みかんの　かずだけ
○を　かきなさい。

(2) ひとりに　ふたつずつ　くばります。みかんは　なんこ
いりますか。みかんの　かずだけ
○を　かきなさい。

2　10までの　かず

ねらい 10までの数を数えて，数字で表せるようになる。また，10までの数の大小や並び方がわかる。

★ **標準レベル**　　🕐 **10分**　　　　／100　　答え9ページ

1 いくつ　ありますか。□に　あてはまる　かずを　かきなさい。

〈5点×6〉

(1)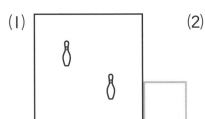

(2)

(3)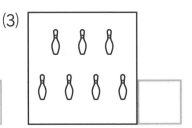

(4)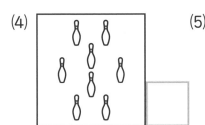

(5)

(6)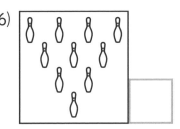

2 かずの　大きい　ほうに　○を　つけなさい。〈5点×6〉

(1)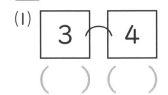
（　　）（　　）

(2)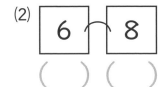
（　　）（　　）

(3)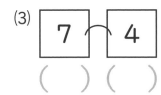
（　　）（　　）

(4)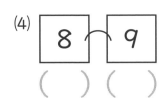
（　　）（　　）

(5)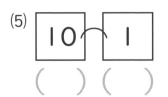
（　　）（　　）

(6)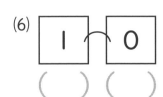
（　　）（　　）

3 かずの 小_{ちい}さい じゅんに ならべなさい。〈5点〉

| 8 | 5 | 1 | 10 | 7 | 4 |

□ → □ → □ → □ → □ → □

4 かごの 中_{なか}に たまごが 1つも ありません。かごの 中の たまごの かずは なんこですか。〈5点〉

□ こ

5 □に あてはまる かずを かきなさい。〈6点×5〉

(1)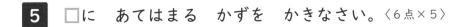
| 1 | □ | 3 | □ | 5 | □ |

(2)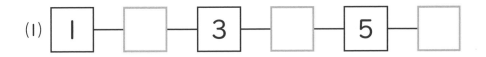
| 5 | 6 | □ | 8 | □ | □ |

(3)
| 3 | □ | □ | □ | □ | 8 |

(4)
| □ | □ | □ | 6 | □ | 4 |

(5)
| □ | 4 | □ | □ | 1 | □ |

★★　上級レベル　　　　　　15分　　／100　　答え9ページ

1 つぎの　かずを　かきなさい。〈5点×6〉

(1) 3の　つぎの　かず　　□

(2) 6の　1つ　まえの　かず　　□

(3) 5の　2つ　あとの　かず　　□

(4) 9の　4つ　まえの　かず　　□

(5) 7の　3つ　あとの　かず　　□

(6) 2の　2つ　まえの　かず　　□

2 すう字カードの　中から　あてはまる　すう字を　すべて
えらびなさい。〈5点×4〉

　2　　8　　0　　6　　1　　10　　7

(1) いちばん　小さい　かず

(2) 9より　大きい　かず

(3) 4より　小さい　かず

(4) 5より　大きく　9より　小さい　かず

3 □に　あてはまる　かずを　かきなさい。〈6点×5〉

(1) | 2 | 4 | | | |

(2) | | | 5 | 3 | |

(3) | | 3 | 6 | |

(4) | 10 | | 6 | | |

(5) | 10 | | 0 |

4 えを　見て　こたえなさい。〈5点×4〉

(1) ケーキは　ぜんぶで　なんこ　ありますか。　　□こ

(2) チョコレートケーキは　なんこ　ありますか。　　□こ

(3) いちごケーキは　なんこ　ありますか。　　□こ

(4) どちらが　なんこ　おおいですか。

（　チョコレートケーキ　・　いちごケーキ　）が　□こ　おおい。

あてはまる　ほうに　○を　つけなさい。

★★★ 最高レベル　　⏱ 20分　　／100　　答え 10 ページ

1 えを 見て こたえなさい。〈8点×4〉

(1) いくつ ありますか。□に あてはまる かずを かきなさい。

♥ [　] つ, ◆ [　] つ, ♠ [　] つ, ♣ [　] つ

(2) かずが おおい じゅんに きごうを かきなさい。

[　] → [　] → [　] → [　]

(3) ♥ と ♣ の かずの ちがいは [　] つです。

(4) ◆ より 1つ すくない きごうは [　] です。

2 おはじきとりを しました。たかしさんは 6まい とりました。さとるさんは 9まい とりました。どちらが なんまい おおく とりましたか。〈8点〉

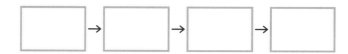

[　　] さんが [　] まい おおく とった。

3 おさらが 8まい あります。7この ケーキを 1こずつ お さらに のせます。おさらは たりますか。たりませんか。あてはまる ほうを ○で かこみなさい。〈10点〉

(たります ・ たりません)

4 きってが 10まい あります。4まいの はがきに 1まいずつ きってを はります。□に あてはまる かずを かいて，（ ）は あてはまる ほうを ○で かこみなさい。〈10点〉

きってを はった はがきは □ まい できます。

（ きって ・ はがき ）が のこります。

5 さくらさん，あさみさん，まことさんは，クッキーを 10こずつ もらって，それぞれ なんこか たべました。たべた あとの えを 見て，こたえなさい。〈10点×2〉

さくらさん　　あさみさん　　まことさん

(1) のこりの クッキーの かずが おおい じゅんに なまえを かきなさい。

□ さん → □ さん → □ さん

(2) たべた クッキーの かずが おおい じゅんに なまえを かきなさい。

□ さん → □ さん → □ さん

6 □に あてはまる かずを かきなさい。〈10点×2〉

(1) 7は 5より □ 大きい かずです。

(2) 2は 10より □ 小さい かずです。

学習日　月　日

3　なんばん目

ねらい 数字を使って，物の位置や順番を表すことができる。

★ **標準レベル**　　⏱15分　□/100　答え11ページ

1 もんだいに こたえなさい。〈5点×2〉

(1) 左から 3ばん目の ふうせんに いろを ぬりなさい。

左　　右

(2) 右から 4この ふうせんを ◯で かこみなさい。

左　　右

2 えを 見て，□に あてはまる かずを かきなさい。〈7点×5〉

左　ばなな　めろん　ぶどう　みかん　りんご　かき　もも　右

(1) りんごは 左から □ ばん目です。

(2) めろんは 右から □ ばん目です。

(3) ぶどうの 左に □ こ あります。

(4) ぶどうの 右に □ こ あります。

(5) ばななと ももの あいだに くだものが □ こ あります。

3 えを　見て，□に　あてはまる　かずを　かきなさい。〈7点×5〉

まえ　　　　　　　　　　　　　　　　　　　　　　　　　　うしろ

(1) ぼうしを　かぶって　いる　人は　まえから　□　ばん目です。

(2) ぼうしを　かぶって　いる　人の　まえに　□　人　います。

(3) 手を　あげて　いる　人は，うしろから　□　ばん目です。

(4) ぼうしを　かぶって　いる　人と，手を　あげて　いる　人の

あいだに　□　人　います。

(5) まえから　6ばんめの　人は　うしろから　□　ばん目です。

4 5だんの　たなに　どうぐを　かたづけます。
上から　4だんめに　なわとびを　おきます。
なわとびの　1つ　下に　ボールを　おきます。
なわとびの　2つ　上に　ぼうしを　おきます。
ぼうしの　1つ　上に　とけいを　おきます。
のこりの　だんに　かばんを　おきます。
□に　あてはまる　かずや　なまえを　かきなさい。

〈10点×2〉

上

下

(1) なわとびは　下から　□　だん目です。

(2) おかれた　どうぐの　なまえを　上から　じゅんに　かきなさい。

上から1だん目	2だん目	3だん目	4だん目	5だん目

1　えを　見て　こたえなさい。〈7点×4〉

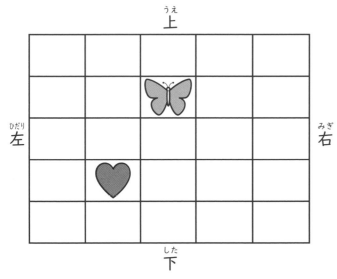

(1)　🖤の　ばしょを　せつめい　しなさい。

左から □ ばん目, 上から □ ばん目

右から □ ばん目, 下から □ ばん目

(2)　🦋の　ばしょを　せつめい　しなさい。

左から □ ばん目, 下から □ ばん目

右から □ ばん目, 上から □ ばん目

(3)　右から　5ばん目, 下から　5ばん目の　ばしょを　いいかえなさい。

左から □ ばん目, 上から □ ばん目

(4)　左から　4ばん目, 下から　3ばん目の　ばしょに　◎を　かきなさい。

2 すう字カードが ならんで います。〈8点×9〉

左 6 ― 3 ― 1 ― 7 ― 9 ― 10 ― 5 ― 4 ― 2 右

(1) 左から 3ばん目の かずは いくつですか。

(2) 右から 4ばん目の かずは いくつですか。

(3) かずが いちばん 大きい カードは 左から なんばん目ですか。

　ばん目

(4) かずが 2ばん目に 大きい カードは 右から なんばん目ですか。

　ばん目

(5) 左から 2ばん目の カードから 5まい 右に ある カードは 右から なんばん目ですか。

　ばん目

(6) 7が かいて ある カードの 左には なんまいの カードが ありますか。

　まい

(7) 6が かいて ある カードと 4が かいて ある カードの あいだには カードは なんまい ありますか。

　まい

(8) 左から 6ばん目の カードの 左には, カードが なんまい ありますか。

　まい

(9) まん中の カードの 左と 右には, それぞれ なんまいの カードが ありますか。

左に 　まい, 右に 　まい

★★★ 最高レベル　　🕐 25分　　／100　　答え 12ページ

1 子どもが ならんで います。みきさんは まえから 6ばん目
です。みきさんの まえには なん人 いますか。〈12点〉

人

2 子どもが ならんで います。たくみさんの まえには 4人
います。たくみさんは まえから なんばん目ですか。〈12点〉

ばん目

3 車が ならんで います。左から 3ばん目の 車と 左から 5
ばん目の 車の あいだに, なんだい ありますか。〈12点〉

だい

4 マラソンを して います。あやかさんの まえには 7人 い
ましたが, 2人 おいぬきました。いま, あやかさんは せんとうから
なんばん目を はしって いますか。〈12点〉

ばん目

5 げんきさんは まえから 4ばん目に ならんで います。げんきさんの うしろには 5人 います。ならんで いるのは みんなで なん人ですか。〈13点〉

 人

6 子どもが 10人 ならんで います。りえさんは 左から 6ばん目に います。りえさんの 右に なん人 いますか。〈13点〉

 人

7 いえが ならんで たって います。けんとさんの いえの 左に 5けん，右に 3けん たって います。いえは ぜんぶで なんけん ならんで たって いますか。〈13点〉

 けん

8 はたが ならんで たって います。赤い はたは 左から 2ばん目で，白い はたは 右から 2ばん目です。赤い はたと 白い はたの あいだに 青い はたが 5本 たって います。はたは ぜんぶで なん本ですか。〈13点〉

 本

復習テスト①

🕐 25分　　／100　　答え13ページ

1 おなじ　かずを　せんで　むすびなさい。〈5点〉

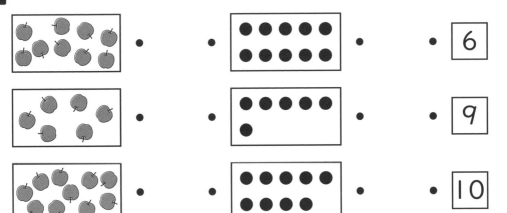

2 右の　すう字カードの　中から　あてはまる　すう字を　すべて　えらびなさい。〈7点×5〉

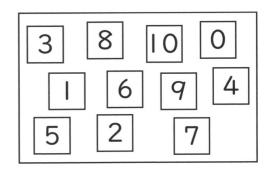

(1) いちばん　大きい　かず

(2) 3より　小さい　かず

(3) 4より　大きく　8より　小さい　かず

(4) 8の　2つ　あとの　かず

(5) 1の　1つ　まえの　かず

3 □に あてはまる かずを かきなさい。〈10点×3〉

(1) □ ― 2 ― □ ― 6 ― □ ― □

(2) 10 ― 7 ― □ ― □

(3) 8 ― □ ― 0

4 ざせきの ずを 見て こたえなさい。〈10点×3〉

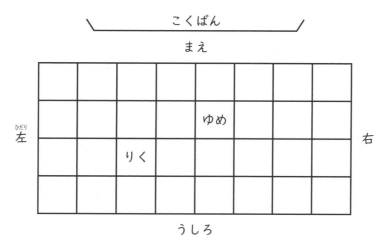

(1) ゆめさんの ばしょを せつめい します。□に あてはまる か
　ずを かきなさい。

　① まえから □ ばん目，左から □ ばん目です。

　② うしろから □ ばん目，右から □ ばん目です。

(2) りくさんも めぐさんも まえから 3ばん目です。りくさんと
　めぐさんの あいだに 3人 います。めぐさんの ばしょに ○
　を かきなさい。

復習テスト②

🕐 25分　　／100　答え13ページ

1 　〇が 6こ, □が 5こ, △が 10 こに なるように, 〇や □や △を かきたしたり, ／で けしたり しなさい。

〈4点〉

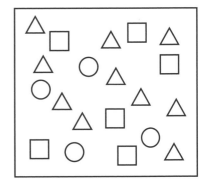

2 　えを 見て こたえなさい。〈8点×5〉

(1) 人は みんなで なん人 いますか。　　　□ 人

(2) めがねを かけて いる 人は なん人ですか。　　□ 人

(3) めがねを かけて いない 人は なん人ですか。　　□ 人

(4) ぼうしを かぶって いる 人は なん人ですか。　　□ 人

(5) ぼうしを かぶって いる 人と ぼうしを かぶって いない 人では, どちらが なん人 おおいですか。

あてはまる ほうに 〇を つけなさい。

ぼうしを かぶって (いる ・ いない) 人が □ 人 おおい。

3 すう字カードが ならんで います。〈8点×5〉

左 | 5 | 9 | 2 | 6 | 1 | 3 | 8 | 7 | 4 | 右

(1) 左から 6ばん目の かずは いくつですか。

☐

(2) 1の カードの 右には なんまい カードが ありますか。

☐ まい

(3) かずが 2ばん目に 小さい カードは 左から なんばん目ですか。

☐ ばん目

(4) 6の カードと 8の カードの あいだには, カードは なんまい ありますか。

☐ まい

(5) 左から 8ばん目の カードの 左と 右には, それぞれ なんまいの カードが ありますか。

左に ☐ まい, 右に ☐ まい

4 バスていに 人が ならんで います。れんさんの まえに 5人, うしろに 4人 います。〈8点×2〉

(1) れんさんは まえから なんばん目ですか。

☐ ばん目

(2) ならんで いるのは みんなで なん人ですか。

☐ 人

4　いくつと　いくつ

ねらい 10までの数をいくつかに分けたり，いくつかの数を合わせて1つの数にしたりできるようにする。

★ **標準レベル** 　　⏱ 15分 　　/100 　答え **14**ページ

1 □に　あてはまる　かずを　かきなさい。〈4点×10〉

(1) 1と　5で □

(2) 2と　6で □

(3) 7と　2で □

(4) 4と　3で □

(5) 9と　1で □

(6) 5は　1と □

(7) 6は　2と □

(8) 9は　3と □

(9) 8は □ と　4

(10) 10は　2と □

2 わけると，いくつと　いくつですか。□に　あてはまる　かずを
かきなさい。〈4点×6〉

(1)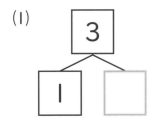

(2)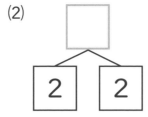

(3)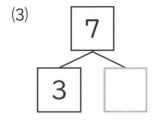

(4)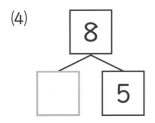

(5)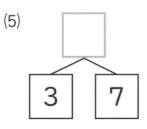

(6)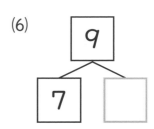

3 あわせて 7に なるように せんで むすびなさい。〈10点〉

6	3	2
•	•	•

•	•	•
4	5	1

4 あと いくつで 8に なりますか。□に かずを かきなさい。

〈4点×4〉

(1)

(2)

(3)

(4)

5 あわせて 10に なるように せんで むすびなさい。〈10点〉

7	2	5	4	9
•	•	•	•	•

•	•	•	•	•
1	6	8	3	5

★★　上級レベル　　⏱20分　　／100　　答え**14**ページ

1　3つに　わけると，いくつと　いくつと　いくつですか。□に
あてはまる　かずを　かきなさい。〈4点×12〉

(1)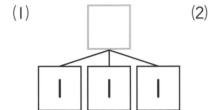

(2)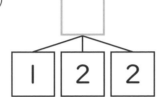

(3)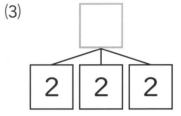

(4)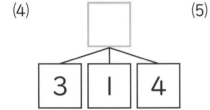

(5)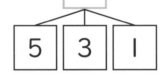

(6)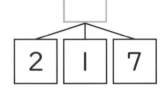

(7)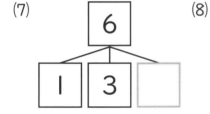

(8)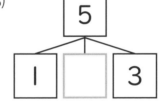

(9)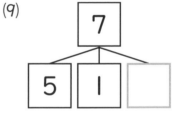

(10)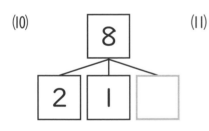

(11)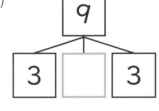

(12)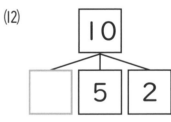

2　□に　あてはまる　かずを　かきなさい。〈5点×6〉

(1) 4と　2と　□　で　8　　　　(2) 4と　□　と　1で　6

(3) □　と　2と　1で　4　　　　(4) 2と　□　と　4で　7

(5) 9は　2と　□　と　4　　　　(6) 10は　3と　3と　□

3 おかしを 2人で わけます。□に あてはまる かずを かきなさい。〈4点×4〉

(1) 6この あめを わけます。

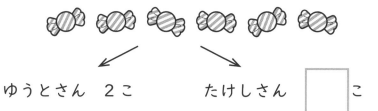

　　　ゆうとさん 2こ　　　　たけしさん □ こ

(2) 8この チョコレートを わけます。

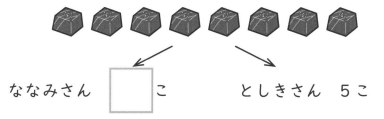

　　　ななみさん □ こ　　　　としきさん 5こ

(3) 10この ガムを おなじ かずずつに なるように わけます。

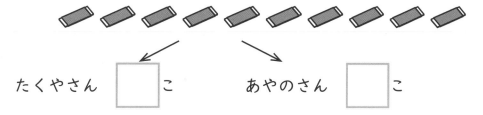

　　　たくやさん □ こ　　　　あやのさん □ こ

(4) 7この ゼリーを, みずきさんの ほうが 1こ おおく なるように わけます。

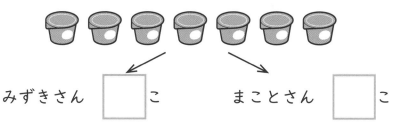

　　　みずきさん □ こ　　　　まことさん □ こ

4 6この みかんを 3人で おなじ かずずつ わけます。□に あてはまる かずを かきなさい。〈6点〉

　　こうたさん… □ こ, ゆうこさん… □ こ, さつきさん… □ こ

1 □に　あてはまる　かずを　かきなさい。〈4点×4〉

(1) 8は　あと □ で　10　　(2) 7は　あと □ で　10

(3) □ は　あと　5で　10　　(4) □ は　あと　9で　10

2 カードを　5まい　もって　います。あと　なんまいで　8まい
に　なりますか。〈12点〉

□ まい

3 シールを　10まい　あつめると　くじびきが　できます。いま,
7まい　あります。あと　なんまい　あつめると　くじびきが　できま
すか。〈12点〉

□ まい

4 本を　4さつ　よみました。あと　1さつ　よむと,　ぜんぶで
なんさつ　よんだ　ことに　なりますか。〈12点〉

□ さつ

5 男の子が 6人, 女の子が 9人 います。男の子が あと なん人 くると, おなじ 人ずうに なりますか。〈12点〉

□ 人

6 いちごを わたるさんと えりさんで わけました。わたるさんが 3こ, えりさんが 5こ うけとりました。はじめに いちごは なんこ ありましたか。〈12点〉

□ こ

7 ゆうえんちで 6人の 子どもが 2だいの コーヒーカップに わかれて のります。1だい目には 4人 のりました。2だい目には なん人 のることに なりますか。〈12点〉

□ 人

8 9この あめを 赤, 青, 白の 3つの ふくろに 入れます。青の ふくろには 赤の ふくろより 2こ おおく, 白の ふくろには 青の ふくろより 1こ すくなく なるように 入れます。ぜんぶの あめを 3つの ふくろに 入れると, ふくろの あめは それぞれ なんこに なりますか。〈12点〉

赤の ふくろ…□ こ, 青の ふくろ…□ こ, 白の ふくろ…□ こ

5 20までの かず

学習日　月　日

ねらい 20までの数を数えて，数字で表せるようになる。また，20までの数の大小や並び方がわかる。

★ **標準**レベル　⏱15分 ／100　答え**16**ページ

1 いくつ ありますか。□に あてはまる かずを かきなさい。

〈4点×4〉

(1) 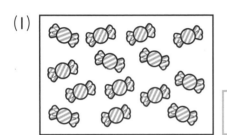 □

(2) 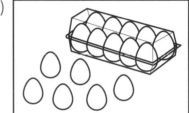 □

(3) 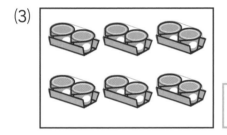 □

(4) 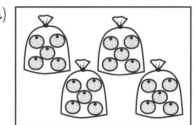 □

2 □に あてはまる かずを かきなさい。〈4点×6〉

(1) 10と 5で □

(2) 10と 9で □

(3) 2と 10で □

(4) 4と 10で □

(5) 1と 10で □

(6) 10と 10で □

3 □に あてはまる かずを かきなさい。〈5点×4〉

(1) [ ] — [ ] — |11| — |12| — [ ] — [ ] — |15|

(2) |14| — [ ] — [ ] — |17| — |18| — [ ] — [ ]

(3) |8| — |10| — [ ] — [ ] — |16| — [ ] — [ ]

(4) |5| — [ ] — |15| — [ ]

4 えを 見て こたえなさい。〈5点×2〉

(1) なん人 ならんで いますか。　　　　　[ ] 人

(2) だいきさんは まえから なんばん目ですか。　　　[ ] ばん目

5 □に あてはまる かずを かきなさい。〈5点×6〉

(1) 14 は 10 と [ ]　　　(2) 16 は [ ] と 6

(3) 11 は [ ] と 1　　　(4) 17 は 7 と [ ]

(5) 18 は 8 と [ ]　　　(6) 20 は 10 と [ ]

★★ 上級レベル　　⏱ **20**分　　／100　　答え **16** ページ

1 □に あてはまる かずを かきなさい。〈3点×4〉

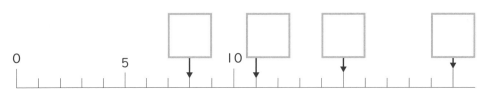

2 つぎの かずは いくつですか。〈4点×5〉

(1) 10の つぎの かず

(2) 15の 1つ まえの かず

(3) 9の 2つ あとの かず

(4) 17の 2つ まえの かず

(5) 20の 1つ まえの かず

3 大_{おお}きい ほうに ○を かきなさい。〈4点×6〉

(1)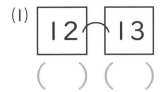
　（　）（　）

(2)
　（　）（　）

(3)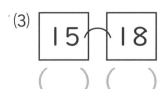
　（　）（　）

(4)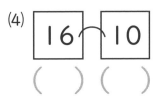
　（　）（　）

(5)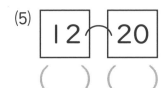
　（　）（　）

(6)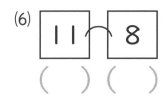
　（　）（　）

4 つぎの かずは いくつですか。〈4点×6〉

(1) 10より 4 大きい かず ☐

(2) 12より 2 小さい かず ☐

(3) 18より 6 小さい かず ☐

(4) 11より 5 大きい かず ☐

(5) 10より 10 大きい かず ☐

(6) 20より 5 小さい かず ☐

5 かずのせんを 見て, こたえなさい。〈4点×5〉

```
0        5       10       15       20
|--|--|--|--|--|--|--|--|--|--|--|--|--|--|--|--|--|--|--|--|
```

(1) 6より 9 大きい かずは ☐ です。

(2) 13より 6 小さい かずは ☐ です。

(3) 15より 8 小さい かずは ☐ です。

(4) 13より 7 大きい かずは ☐ です。

(5) 20より 4 小さい かずは ☐ です。

★★★ 最高レベル　　⏱ 25分　　／100　　答え 17ページ

1 すう字カードの　中から　すべて　えらびなさい。〈5点×6〉

| 13 | 19 | 15 | 11 | 17 | 20 | 12 | 18 |

(1) いちばん　小さい　かず

(2) 3ばん目に　大きい　かず

(3) 10より　8　大きい　かず

(4) 20より　1　小さい　かず

(5) 17と　2だけ　ちがう　かず

(6) 15より　大きく，20より　小さい　かず

2 あと　いくつで　20こに　なりますか。〈5点×4〉

(1) 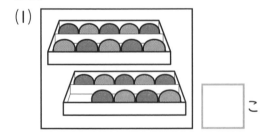　□ こ

(2) 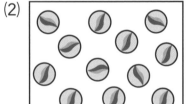　□ こ

(3) 　□ こ

(4) 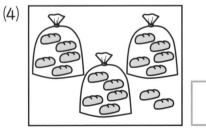　□ こ

3 つぎの かずを ぜんぶ かきなさい。〈7点×2〉

(1) 16より 大きく，20より 小さい かず

(2) 9より 大きく，13より 小さい かず

4 □に あてはまる かずを かきなさい。〈7点×3〉

(1) [ ]─[4]─[7]─[ ]─[ ]

(2) [4]─[8]─[ ]─[16]─[ ]

(3) [20]─[ ]─[16]─[ ]─[ ]

5 ゆうかさんの クラスは，男の子が 13人，女の子が 14人 います。男の子と 女の子では どちらが なん人 おおいですか。

〈5点〉

　　　　[　　　]の子が [　　] 人 おおい。

6 青，赤，白の 3つの チームで ゲームを しました。青チームは 17てんで，赤チームは 青チームより 1てん おおく，白チームは 青チームより 2てん すくなかったです。〈5点×2〉

(1) 赤チームと 白チームは なんてんですか。

　　　　赤チーム…[　　]てん，白チーム…[　　]てん

(2) 白チームは，あと なんてん とれば 20てんに なりますか。

　　　　　　　　　　　　　　　　[　　]てん

6　大きい　かず

ねらい　120までの数を数えて，数字で表せるようになる。また，120までの数の大小や並び方がわかる。

★ 標準レベル　　⏱15分　　／100　　答え18ページ

1 かみは　なんまい　ありますか。□に　あてはまる　かずを　かきなさい。〈4点×5〉

(1) ［10］［10］［10］と ［　］［　］［　］［　］　　［　　　］まい

(2) ［10］［10］［10］［10］［10］　　［　　　］まい

(3) ［10］が　10　　［　　　］まい

(4) ［100］と ［10］［10］　　［　　　］まい

(5) ［100］と ［　］［　］　　［　　　］まい

2 □に　あてはまる　かずを　かきなさい。〈4点×3〉

(1) 十のくらいが　4，一のくらいが　9の　かずは ［　　　］

(2) 十のくらいが　8，一のくらいが　0の　かずは ［　　　］

(3) 72の　十のくらいの　すう字は ①［　　　］，一のくらいの　すう字は

②［　　　］

3 つぎの かずを かきなさい。

〈4点×11〉

(1) ⓐ～ⓞに あてはまる かず

ⓐ ☐　　　ⓘ ☐

ⓤ ☐　　　ⓔ ☐

ⓞ ☐

0	1	2	3	4	5	6	7	8	9
10	11	12	13	14					
20									
	ⓐ								
					ⓘ				
ⓤ							ⓔ		
ⓞ									

(2) 59 より 1 大（おお）きい かず ☐

(3) 100 より 1 小（ちい）さい かず ☐

(4) 70 より 20 大きい かず ☐

(5) 83 より 5 大きい かず ☐

(6) 115 より 3 小さい かず ☐

(7) 120 より 5 小さい かず ☐

4 大きい ほうに ○を かきなさい。〈4点×6〉

(1) 49 25
( ) ( )

(2) 63 69
( ) ( )

(3) 89 98
( ) ( )

(4) 97 102
( ) ( )

(5) 109 111
( ) ( )

(6) 120 102
( ) ( )

★★　上級レベル　　　　　　🕐20分　　　　　／100　　答え18ページ

1　□に　あてはまる　かずを　かきなさい。〈3点×5〉

(1) 47は　10が　①□　こと　1が　②□　こ

(2) 67は　□と　7を　あわせた　かず

(3) 100は　10が　□こ

(4) 100と　10と　7で　□

(5) 120は　100と　10が　□こ

2　もんだいに　こたえなさい。〈3点×8〉

(1) ⓐ〜ⓞに　あてはまる　かずを　かきなさい。

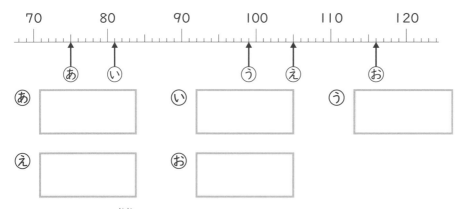

ⓐ　□　　　　　ⓘ　□　　　　　ⓤ　□

ⓔ　□　　　　　ⓞ　□

(2) 89より　5　大きい　かずは　いくつですか。　□

(3) 105より　8　小さい　かずは　いくつですか。　□

(4) 120より　9　小さい　かずは　いくつですか。　□

3 □に あてはまる かずを かきなさい。〈5点×5〉

(1) 58 — 59 — ☐ — ☐ — 62 — ☐

(2) ☐ — 80 — 90 — ☐ — ☐ — ☐

(3) 97 — ☐ — 99 — ☐ — ☐ — ☐

(4) ☐ — 112 — 111 — ☐ — ☐ — ☐

(5) 117 — ☐ — ☐ — 87 — 77 — ☐

4 □に あてはまる かずを かきなさい。〈4点×3〉

(1) 75 76 77 78 ☐ ☐ ☐ 82 83

(2) 28 30 32 34 ☐ 38 ☐ ☐ 44

(3) 80 ☐ 90 ☐ 110 120

5 あと いくつで 100 に なりますか。〈4点×6〉

(1) 90 ☐

(2) 70 ☐

(3) 80 ☐

(4) 40 ☐

(5) 95 ☐

(6) 92 ☐

★★★ 最高レベル　　🕐 25分　　　／100　　答え **19** ページ

1 下の　すう字カードから　あてはまる　ものを　すべて　えらび
なさい。〈7点×3〉

| 62 | 49 | 78 | 56 | 98 | 86 | 70 |

(1) かずの　小さい　じゅんに　ならべなさい。

□ → □ → □ → □ → □ → □ → □

(2) 一のくらいの　かずが　6の　かず

(3) 60 より　大きく　80 より　小さい　かず

2 下の　9まいの　カードの　うち，2まいを　つかって，10 より
大きい　かずを　つくります。

| 1 | 2 | 3 | 4 | 5 | 6 | 7 | 8 | 9 |

> 1と 5を
> つかうと
> 「15」が
> できます。

あてはまる　かずを　すべて　かきなさい。〈7点×4〉

(1) 十のくらいの　かずが　2で，一のくらいの　かずが
9の　かず

(2) いちばん　大きい　かず

(3) 2ばん目に　小さい　かず

(4) 30 より　大きく，40 より　小さい　かず

3 さつきさんは，10円玉を 9まいと 5円玉を 1まい もって
かいものに いきました。〈7点×4〉

(1) さつきさんは ぜんぶで なん円 もって いますか。

　　　　　　　　円

(2) さつきさんが もって いる おかねで かえる ものに ○を，
かえない ものに ×を かきなさい。
　①80円の パン　　②100円の ノート　③95円の ジュース

　　（　　　）　　　　　　（　　　）　　　　　（　　　）

4 100ページ ある 本を よんで います。いままでに 80ペー
ジ よみました。あと なんページ よめば よみおわりますか。〈5点〉

　　　　　　　ページ

5 まとあてゲームを しました。〈6点×3〉

(1) とくてんは なんてん
ですか。

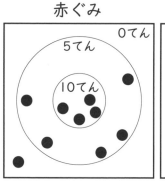 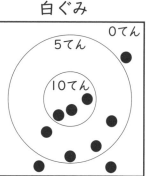

赤ぐみ…　　　　　てん

白ぐみ…　　　　　てん

(2) どちらが なんてん
おおいですか。

　　　　ぐみが 　　　　てん おおい。

復習テスト③

🕐 25分　　／100　　答え20ページ

1 □に　あてはまる　かずを　かきなさい。〈3点×3〉

(1) 8この　りんごを　あゆさんと　みくさんで　おなじ　かずずつ

わけると，あゆさんは ①□ こ，みくさんは ②□ こに　なりま

す。

(2) 9この　みかんを　りくさんの　ほうが　かいとさんより　1こ

すくなく　なるように　わけると，りくさんは ①□ こ，かいと

さんは ②□ こに　なります。

(3) 9この　トマトを　3人(にん)で　おなじ　かずずつに　わけると，ちこ

さんは ①□ こ，もえさんは ②□ こ，せなさんは ③□ こに

なります。

2 □に　あてはまる　かずを　かきなさい。〈4点×3〉

(1) 十(じゅう)のくらいが　7，一(いち)のくらいが　8の　かずは □ です。

(2) 90の　十のくらいの　すう字(じ)は ①□ ，一のくらいの　すう字

は ②□ です。

(3) 百(ひゃく)のくらいが　1，十のくらいが　0，一のくらいが　1の　かずは

□ です。

3 □に あてはまる かずを かきなさい。〈5点×11〉

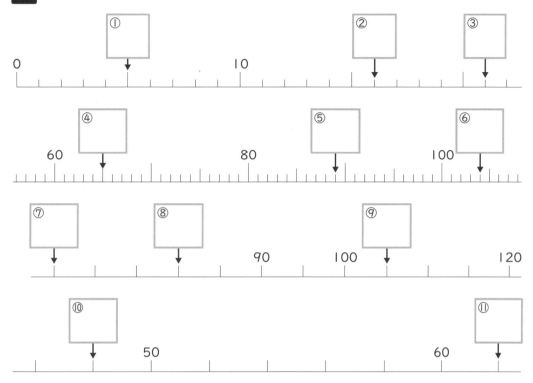

4 かずのせんを 見て, こたえなさい。〈6点×4〉

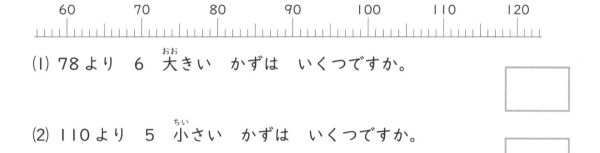

(1) 78より 6 大きい かずは いくつですか。

(2) 110より 5 小さい かずは いくつですか。

(3) 96より 4 大きい かずは いくつですか。

(4) 101より 10 小さい かずは いくつですか。

復習テスト④

⏱ 25分　／100　答え 20ページ

1 □に あてはまる かずを かきなさい。〈4点×7〉

(1) 5と □ と 1で 9

(2) 2は あと □ で 10

(3) 16は あと □ で 20

(4) 10を 2こ あつめた かずは □

(5) 10が 10こで □

(6) 100と 1を あわせた かずは □

(7) 84は □ と 4を あわせた かず

2 大きい ほうに ○を かきなさい。〈4点×6〉

(1) 11 9
(　) (　)

(2) 13 31
(　) (　)

(3) 60 59
(　) (　)

(4) 108 98
(　) (　)

(5) 101 110
(　) (　)

(6) 112 120
(　) (　)

3 □に あてはまる かずを かきなさい。〈6点×3〉

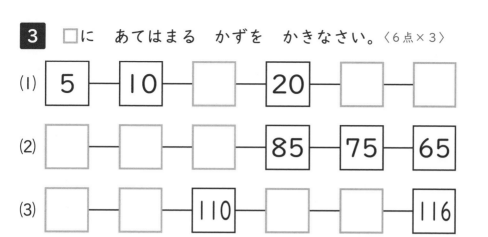

(1) | 5 | 10 | | 20 | | |

(2) | | | | 85 | 75 | 65 |

(3) | | | 110 | | | 116 |

4 赤_{あか}ぐみ, 白_{しろ}ぐみ, 青_{あお}ぐみで ゲームを しました。

〈6点×5〉

赤ぐみ	白ぐみ	青ぐみ
93てん	103てん	97てん

(1) てんすうの おおい じゅんに ならべます。□に あてはまる ことばを かきなさい。

([　おおい　] ぐみ→ [　　] ぐみ→ [　すくない　] ぐみ)

(2) 95てんを こえた くみには ○を, こえなかった くみには × を つけなさい。

赤ぐみ…(　　　　), 白ぐみ…(　　　　　), 青ぐみ…(　　　　　)

(3) 赤ぐみと 青ぐみの てんすうの ちがいは なんてんですか。

[　　　]てん

(4) 赤ぐみと 白ぐみの てんすうの ちがいは なんてんですか。

[　　　]てん

(5) 白ぐみと 青ぐみの てんすうの ちがいは なんてんですか。

[　　　]てん

7　10までの　たしざん

ねらい　たし算の意味と計算のしかたを理解する。また，文章題で式を作れるようにする。

★　標準レベル　　🕐15分　　／100　　答え21ページ

1 あわせて　いくつですか。〈6点×3〉

(1) 　と　

(2)

(3)

2 こたえが　7に　なる　カードに　○を　つけなさい。〈7点〉

3 + 3	6 + 2	1 + 4	2 + 5
(　)	(　)	(　)	(　)

3 こたえが　10に　なる　カードに　○を　つけなさい。〈7点〉

7 + 2	5 + 3	4 + 6	8 + 1
(　)	(　)	(　)	(　)

4 たしざんを しなさい。〈4点×12〉

(1) 2 + 2

(2) 4 + 1

(3) 6 + 3

(4) 1 + 5

(5) 3 + 4

(6) 7 + 0

(7) 8 + 2

(8) 0 + 6

(9) 5 + 4

(10) 2 + 7

(11) 9 + 1

(12) 5 + 5

5 白い ねこが 4ひき，くろい ねこが 2ひき います。ねこ
は あわせて なんびき いますか。〈10点〉
（しき）

6 ゆいさんは シールを 7まい もって います。3まい もら
うと，ぜんぶで なんまいに なりますか。〈10点〉
（しき）

★★　上級レベル　　　　🕐25分　　　／100　　答え21ページ

1　こたえが　小<ruby>ちい<rt></rt></ruby>さい　じゅんに　ならべて，ことばを　つくりなさい。〈10点×2〉

(1)
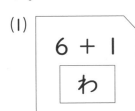

6 + 1	5 + 3	2 + 4	0 + 5
わ	り	ま	ひ

(2)

3 + 7	2 + 5	1 + 8	4 + 4
う	ふ	ろ	く

2　まん中<ruby>なか<rt></rt></ruby>の　かずと　まわりの　かずを　たします。あいて　いる　ところに　かずを　かきなさい。〈10点×2〉

(1)
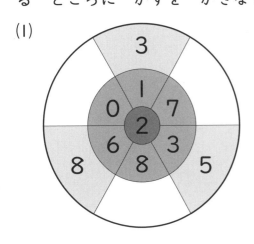

(2)
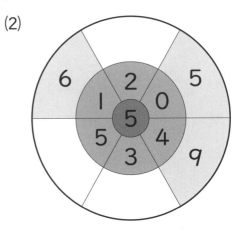

3 たしざんを　しなさい。〈4点×10〉

(1) 2＋1＋4

(2) 1＋5＋3

(3) 3＋2＋2

(4) 4＋3＋1

(5) 1＋1＋7

(6) 5＋2＋3

(7) 1＋4＋5

(8) 2＋2＋6

(9) 3＋1＋2＋1

(10) 1＋2＋4＋3

4　クッキーを　はるなさんが　3まい，ゆうとさんが　4まい　たべたら，のこりは　2まいに　なりました。クッキーは　はじめに　なんまい　ありましたか。〈10点〉

(しき)

5　赤い　花と　きいろい　花が　さいて　います。赤い　花は　4本で，きいろい　花は　赤い　花より　1本　おおいです。花は　ぜんぶで　なん本　さいて　いますか。〈10点〉

(しき)

1 こたえが おなじに なる ものを せんで むすびなさい。

〈10点×3〉

| 3 + 4 + 3 | 2 + 7 | 1 + 5 + 2 |

・　　　　　　　・　　　　　　　・

・　　　　　　　・　　　　　　　・

| 4 + 4 + 1 | 5 + 3 | 2 + 3 + 1 + 4 |

2 そうたさんと みおさんは まとあて
ゲームを 4かい しました。アは 3てん,
イは 2てん, ウは 1てん, エは 0てん
です。それぞれ なんてんに なりましたか。

〈10点×2〉

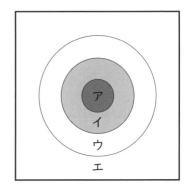

	1かい目	2かい目	3かい目	4かい目
そうたさん	ウ	イ	ウ	ア
みおさん	イ	エ	ア	イ

（しき）

そうたさん… [　　　　　]　, みおさん… [　　　　　]

3 ななみさんが もって いる おりがみは 3まいで, いもうと より 2まい すくないそうです。ななみさんと いもうとが おかあ さんから 1まいずつ もらうと, おりがみは あわせて なんまいに なりますか。〈20点〉

（しき）

4 あおいさんと こうきさんは 10円玉を なげる ゲームを 5 かい しました。おもては うらに かち, おなじなら ひきわけです。 かつと 3てん, ひきわけで 1てん, まけると 0てんに なります。 それぞれ なんてんに なりましたか。〈15点×2〉

	1かい目	2かい目	3かい目	4かい目	5かい目
あおいさん	おもて	うら	うら	おもて	おもて
こうきさん	うら	うら	おもて	おもて	うら

（しき）

あおいさん…　　　　　　　, こうきさん…

8　10までの　ひきざん

ねらい　ひき算の意味と計算のしかたを理解する。また，文章題で式を作れるようにする。

★ **標準**レベル　　　　　　　🕐15分　　　　　　／100　　答え23ページ

1　ちがいは　いくつですか。〈6点×3〉

(1)

(2)

(3) と

2　こたえが　4に　なる　カードに　○を　つけなさい。〈7点〉

7 − 4	9 − 5	8 − 3	6 − 1
(　　)	(　　)	(　　)	(　　)

3　こたえが　2に　なる　カードに　○を　つけなさい。〈7点〉

4 − 3	5 − 2	10 − 7	8 − 6
(　　)	(　　)	(　　)	(　　)

4 ひきざんを しなさい。〈4点×12〉

(1) 3 − 1

(2) 5 − 4

(3) 6 − 2

(4) 8 − 7

(5) 4 − 0

(6) 7 − 3

(7) 6 − 6

(8) 10 − 4

(9) 5 − 1

(10) 8 − 5

(11) 10 − 8

(12) 9 − 2

5 こうえんで 子どもが 7人 あそんで います。2人 かえり
ました。子どもは なん人に なりましたか。〈10点〉
(しき)

6 りんごが 6こ, みかんが 10こ あります。みかんは りんご
より なんこ おおいですか。〈10点〉
(しき)

★★ 上級レベル

1 こたえが 小さい じゅんに ならべて, ことばを つくりなさい。〈10点×2〉

(1)

5 − 0	8 − 4	4 − 2	6 − 3
き	う	ひ	こ

(2)

8 − 1	9 − 3	10 − 2	10 − 5
ぎ	に	り	お

2 まん中の かずから まわりの かずを ひきます。あいて いる ところに かずを かきなさい。〈10点×2〉

(1)

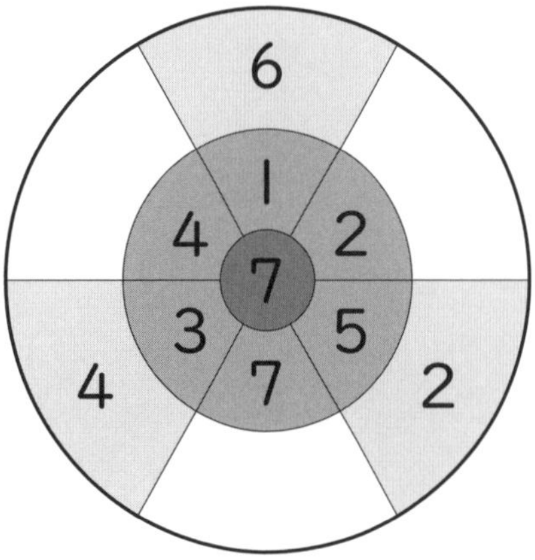

まん中 7
1 → 6
2
5 → 2
7
3
4

(2)

まん中 10
0 → 1
9 → 1
3 → 9
6
1 → 9
8 → 2

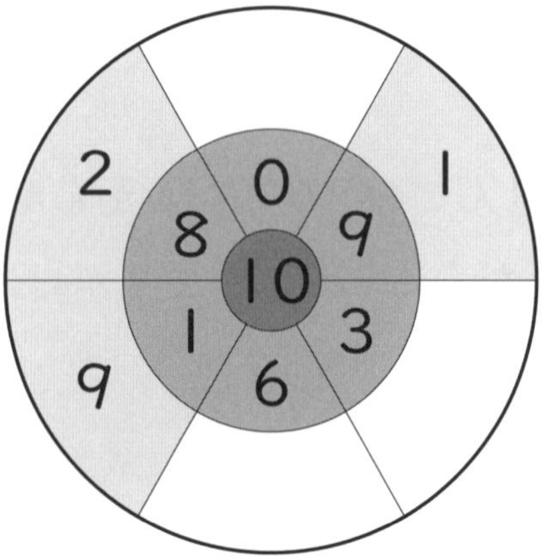

3 けいさんを しなさい。〈4点×10〉

(1) 5 − 2 − 1

(2) 8 − 1 − 4

(3) 7 − 3 − 2

(4) 9 − 5 − 3

(5) 10 − 4 − 2

(6) 10 − 7 − 3

(7) 8 − 4 + 3

(8) 6 + 4 − 5

(9) 9 − 2 + 1 − 3

(10) 10 − 3 − 2 + 4

4 たけるさんは 8さいです。おとうとは たけるさんより 2さい 年下で, いもうとは おとうとより 3さい 年下です。いもうとは なんさいですか。〈10点〉
(しき)

5 ももと かきと みかんが あわせて 10こ あります。ももは 4こで, かきは ももより 1こ すくないです。みかんは なんこ ありますか。〈10点〉
(しき)

1 こたえが おなじに なる ものを せんで むすびなさい。

〈10点×3〉

5 － 2 － 2	7 － 1 － 3	6 － 4
●	●	●

●	●	●
9 － 6	10 － 4 － 5	8 － 3 － 1 － 2

2 プリンが 6こ, ゼリーが 10こ あります。プリンを 2こ, ゼリーを 3こ たべました。のこりは どちらが なんこ おおいで すか。〈10点〉

（しき）

3 赤, 青, きいろの おりがみが あります。赤は 8まい あり ます。青は 赤より 2まい すくなく, きいろより 3まい おおい です。きいろは なんまい ありますか。〈10点〉

（しき）

4 たて, よこ, ななめの どの 3つの かずを たしても 9に なるように します。あいて いる ところに かずを かきなさい。

〈15点×2〉

(1)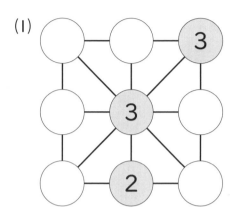

(2)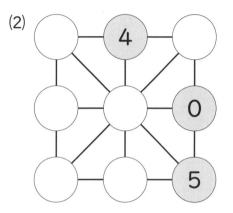

5 かいとさんと みさきさんは じゃんけんを 5かい しました。グーは チョキに かち, チョキは パーに かち, パーは グーに かちます。おなじ 手を 出すと あいこです。 かつと 3てん, あいこで 1てん, まけると 0てんと なります。どちらが なんてん たかいですか。〈20点〉

	1かい目	2かい目	3かい目	4かい目	5かい目
かいとさん	チョキ	グー	チョキ	パー	パー
みさきさん	グー	パー	チョキ	グー	チョキ

(しき)

復習テスト⑤

🕐 25分　／100　答え 25ページ

1 こたえが おなじに なる ものを せんで むすびなさい。

〈4点×4〉

3 + 2	0 + 4	4 + 3	1 + 5
•	•	•	•

•	•	•	•
9 − 5	8 − 1	7 − 2	10 − 4

2 けいさんを しなさい。〈4点×12〉

(1) 5 + 4

(2) 10 − 7

(3) 2 + 6 + 1

(4) 4 + 3 + 3

(5) 7 − 1 − 5

(6) 9 − 4 − 2

(7) 3 + 5 − 4

(8) 8 − 7 + 6

(9) 1 + 3 + 1 + 2

(10) 9 − 3 − 5 − 1

(11) 4 + 2 − 3 + 5

(12) 10 − 6 + 1 − 2

3 りくさんは カードを 3まい もって います。しょうたさん が もって いる カードは，りくさんより 5まい おおく，さ としさんより 2まい すくないです。さとしさんが もって いる カードは なんまいですか。〈12点〉

（しき）

4 れいかさんは えんぴつを 9本 もって います。いもうとに 3本，おとうとに 2本 あげました。れいかさんが もって いる えんぴつは なん本に なりましたか。〈12点〉

（しき）

5 でんせんに 7わの とりが とまって います。あとから 3 わ やって きて，5わ とんで いきました。でんせんに とまって いる とりは なんわに なりましたか。〈12点〉

（しき）

復習テスト⑥

⏱ 25分　　／100　　答え25ページ

1 右の ような 5まいの カードが あ
ります。この 中から 2まいを えらんで，
2つの かずを たします。〈7点×2〉

(1) こたえが 8に なるとき，2つの かずを こたえなさい。

（空欄）

(2) こたえが 7に なるとき，2つの かずを 2とおり こたえな
さい。

（空欄）　　　　（空欄）

2 けいさんを しなさい。〈5点×10〉

(1) 2 + 8

(2) 9 − 3

(3) 3 + 4 + 2

(4) 7 − 4 − 1

(5) 4 + 6 − 5

(6) 9 − 2 + 3

(7) 2 + 2 + 1 + 4

(8) 10 − 1 − 5 − 2

(9) 1 + 7 − 4 − 3

(10) 8 − 2 + 4 − 9

3 赤い 金ぎょが 6ぴき およいで います。くろい 金ぎょは 赤い 金ぎょより 2ひき すくないです。金ぎょは あわせて なんびき いますか。〈12点〉

(しき)

4 あめが 8こ あります。キャラメルは あめより 3こ すくないです。ガムは キャラメルより 4こ おおいです。ガムは なんこ ありますか。〈12点〉

(しき)

5 おりがみで つるを，えりなさんは 3わ，まいさんは 5わ おりました。あと なんわで 10わに なりますか。〈12点〉

(しき)

9　20までの　たしざん

ねらい▶ 繰り上がりのあるたし算のしかたを理解する。

★　標準レベル　　　　🕐15分　　　　　　／100　　答え26ページ

1　7＋5の　けいさんを　します。□に　あてはまる　かずを　かきなさい。〈6点・完答〉

てじゅん①　7は　あと　3で　10だから，

　　　　　　5を　3と　　に　わける。

てじゅん②　7に　3を　たして　10

てじゅん③　10と　　で　

$$
\boxed{
\begin{array}{c}
7 + 5 \\
\wedge \\
3 \quad \square
\end{array}
}
$$

2　こたえが　11に　なる　カードに　○を　つけなさい。〈7点〉

4 ＋ 6	9 ＋ 3	8 ＋ 4	6 ＋ 5
（　）	（　）	（　）	（　）

3　こたえが　14に　なる　カードに　○を　つけなさい。〈7点〉

9 ＋ 6	7 ＋ 7	5 ＋ 8	4 ＋ 9
（　）	（　）	（　）	（　）

4 たしざんを しなさい。〈5点×12〉

(1) 9 + 2

(2) 6 + 6

(3) 5 + 7

(4) 3 + 8

(5) 7 + 9

(6) 4 + 7

(7) 8 + 5

(8) 9 + 4

(9) 7 + 8

(10) 6 + 9

(11) 9 + 9

(12) 4 + 8

5 うさぎが こやの 中に 5わ, こやの そとに 9わ います。
うさぎは ぜんぶで なんわ いますか。〈10点〉
（しき）

6 みかんが 8こ あります。6こ かって くると, ぜんぶで
なんこに なりますか。〈10点〉
（しき）

★★　上級レベル　　　🕐 25分　　　／100　　答え 26ページ

1 こたえが 小さい じゅんに ならべて, ことばを つくりなさい。〈10点×2〉

(1)

9 + 3	7 + 4	6 + 8	8 + 5
ま	か	り	き

(2)

8 + 9	7 + 8	9 + 7	5 + 9
う	ん	す	さ

2 まん中の かずと まわりの かずを たします。あいて いる ところに かずを かきなさい。〈10点×2〉

(1)　　　　　　　　　　　(2)

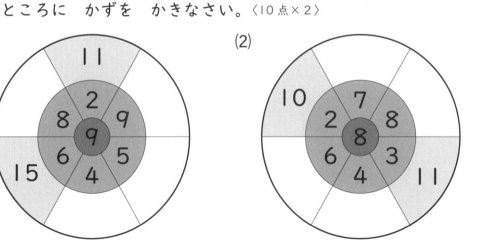

3 たしざんを しなさい。〈5点×8〉

(1) 3 + 2 + 6

(2) 5 + 1 + 7

(3) 8 + 4 + 2

(4) 6 + 9 + 3

(5) 2 + 5 + 2 + 4

(6) 3 + 6 + 8 + 1

(7) 7 + 8 + 1 + 3

(8) 9 + 2 + 4 + 5

4 はこに 入って いる おかしを, なおきさんが 3こ, おにい
さんが 5こ とったら, のこりは 4こに なりました。はじめに
はこに 入って いた おかしは なんこですか。〈10点〉
(しき)

5 まりえさんは ノートを きのう 6ページ つかい, きょうは
きのうより 2ページ おおく つかいました。あわせて なんページ
つかいましたか。〈10点〉
(しき)

★★★ 最高レベル　　　　　　　　　⏱ 30分　　　　／100　　答え **27** ページ

1 こたえが　おなじに　なる　ものを　せんで　むすびなさい。

〈10点×3〉

$7+8$　　　　$5+6+3$　　　　$3+4+9$

・　　　　　　　　・　　　　　　　　・

・　　　　　　　　・　　　　　　　　・

$4+5+5$　　　$6+2+8$　　　$1+5+3+6$

2 なつみさんと　わたるさんは　まとあてゲームを　5かい　しました。アは　5てん，イは　3てん，ウは　1てん，エは　0てんです。それぞれ　なんてんに　なりましたか。〈15点×2〉

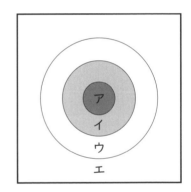

	1かい目	2かい目	3かい目	4かい目	5かい目
なつみさん	ア	ウ	エ	ア	イ
わたるさん	イ	ア	ウ	ウ	ア

（しき）

なつみさん…[　　　　　]，わたるさん…[　　　　　]

3 子どもが 1れつに ならんで います。みくさんは まえから 3ばん目で，みくさんと まさきさんの あいだには 8人 います。また，まさきさんの うしろには 5人 います。子どもは ぜんぶで なん人 ならんで いますか。〈20点〉

（しき）

4 しょうさんと かなさんは さいころを なげる ゲームを 5かい しました。出た 目の かずが 大きい ほうが かちで，出た 目の かずが おなじ ときは ひきわけと します。かつと 出た 目の かずが とくてんに なり，ひきわけは 1てん，まけると 0てんに なります。それぞれ なんてんに なりましたか。〈10点×2〉

	1かい目	2かい目	3かい目	4かい目	5かい目
しょうさん	5	1	6	3	2
かなさん	3	6	4	3	6

（しき）

しょうさん…　　　　　，かなさん…

10　20までの　ひきざん

ねらい　繰り下がりのあるひき算のしかたを理解する。

★　標準レベル　　　⏱15分　　　　／100　　答え28ページ

1　13－8の　けいさんを　します。□に　あてはまる　かずを
かきなさい。〈6点・完答〉

てじゅん①　3から　8は　ひけないから，

　　　　　　13を　10と　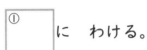　に　わける。

$$13 - 8$$
10　□

てじゅん②　10から　8を　ひいて　

てじゅん③　3と　　で　

2　こたえが　7に　なる　カードに　〇を　つけなさい。〈7点〉

11－3	14－6	12－5	13－4
（　　）	（　　）	（　　）	（　　）

3　こたえが　8に　なる　カードに　〇を　つけなさい。〈7点〉

15－8	17－9	16－7	18－9
（　　）	（　　）	（　　）	（　　）

4 ひきざんを しなさい。〈5点×12〉

(1) 11 − 5

(2) 14 − 9

(3) 12 − 8

(4) 15 − 6

(5) 16 − 9

(6) 13 − 7

(7) 14 − 8

(8) 11 − 9

(9) 12 − 6

(10) 17 − 8

(11) 15 − 9

(12) 13 − 5

5 12まいの がようしが あります。4まい つかうと, のこりは なんまいに なりますか。〈10点〉
(しき)

6 男の子が 7人, 女の子が 15人 います。どちらが なん人 おおいですか。〈10点〉
(しき)

★★ **上級レベル** 　　　　⏱ 25分 　　　／100 　答え28ページ

1 こたえが 小<small>（ちい）</small>さい じゅんに ならべて, ことばを つくりなさい。〈10点×2〉

(1)

13 − 7	11 − 3	15 − 8	14 − 9
み	き	が	は

(2)

18 − 9	12 − 4	11 − 5	16 − 9
ま	く	し	ろ

2 まん中<small>（なか）</small>の かずから まわりの かずを ひきます。あいて いる ところに かずを かきなさい。〈10点×2〉

(1)

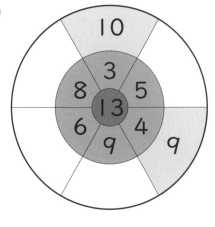

(2)

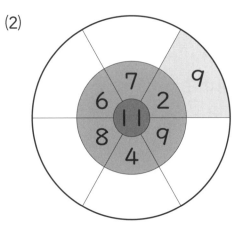

3 けいさんを　しなさい。〈5点×8〉

(1) 12 － 5 － 3

(2) 16 － 9 － 4

(3) 15 － 7 － 6

(4) 11 － 3 － 1

(5) 14 － 6 ＋ 2 － 3

(6) 17 ＋ 1 － 9 ＋ 3

(7) 13 － 6 ＋ 9 － 2

(8) 15 ＋ 5 － 8 ＋ 4

4 さくらさんは　どんぐりを　16こ　ひろいました。ともかさんに　5こ，えみさんに　なんこか　あげたら，4こ　のこりました。えみさんに　なんこ　あげましたか。〈10点〉

（しき）

5 なわとびを　みさとさんは　15かい　とびました。かずやさんは　みさとさんより　6かい　すくなく，じゅんさんより　2かい　おおく　とびました。じゅんさんは　なんかい　とびましたか。〈10点〉

（しき）

★★★ 最高レベル　　⏱ 30分　　／100　　答え 29 ページ

1 こたえが おなじに なる ものを せんで むすびなさい。

〈10点×3〉

| 14 − 7 | 12 − 5 − 2 | 17 − 8 − 3 |

・　　　　　　・　　　　　　・

・　　　　　　・　　　　　　・

| 15 − 7 − 1 | 13 − 3 − 4 | 19 − 4 − 6 − 4 |

2 さおりさんは かぞく 3人で クッキーを 14まい たべました。さおりさんが たべた クッキーは 5まいで, おかあさんより 2まい おおかったです。おとうさんは なんまい たべましたか。

〈15点〉

(しき)

3 子どもが 18人 1れつに ならんで います。しんやさんは うしろから 7ばん目で, しんやさんと ゆうとさんの あいだには 3人 います。また, ゆうとさんは しんやさんより まえに います。ゆうとさんは まえから なんばん目ですか。〈15点〉

(しき)

4 たて, よこ, ななめの どの 3つの かずを たしても おなじ かずに なるように します。〈(1), (2) 5点×2, (3) 10点・完答〉

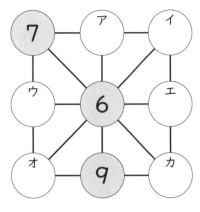

(1) オと 9を たすと, いくつに なりますか。

(2) 7と イを たすと, いくつに なりますか。

(3) ア～カに あてはまる かずを かきなさい。

ア [　]　イ [　]　ウ [　]　エ [　]　オ [　]　カ [　]

5 ボールが 大きい かごに 17こ, 小さい かごに なんこか 入って います。ボールを 大きい かごから 小さい かごに 5こ うつすと, 大きい かごの ボールは 小さい かごの ボールより 3こ おおく なりました。はじめに 小さい かごに 入って いた ボールは なんこですか。〈20点〉

（しき）

復習テスト⑦

🕐 25分　　/100　　答え 30ページ

1 こたえが おなじに なる ものを せんで むすびなさい。

〈3点×4〉

| 6 + 8 | 9 + 3 | 12 − 6 | 11 − 3 |

•　　　　•　　　　•　　　　•

•　　　　•　　　　•　　　　•

| 7 + 7 | 15 − 9 | 16 − 8 | 17 − 5 |

2 けいさんを しなさい。〈4点×12〉

(1) 9 + 5

(2) 14 − 6

(3) 4 + 9 + 2

(4) 2 + 3 + 7

(5) 13 − 6 − 4

(6) 17 − 8 − 4

(7) 6 + 7 − 9

(8) 14 − 6 + 8

(9) 2 + 3 + 4 + 5

(10) 20 − 5 − 8 − 5

(11) 11 + 5 − 7 − 2

(12) 15 − 4 − 3 + 6

3 バナナが なん本か あります。わたるさんが 2本，おにいさんが 3本 たべたら，のこりは 8本に なりました。はじめに バナナは なん本 ありましたか。〈10点〉

（しき）

4 うみで 貝がらを なつみさんは 9まい，だいちさんは 7まい，けんたさんは 12まい ひろいました。いちばん おおい 人と いちばん すくない 人の ちがいは なんまいですか。〈10点〉

（しき）

5 18人 のれる バスに 5人 のって います。あとから 4人 のって きました。あと なん人 のれますか。〈10点〉

（しき）

6 赤，青，きいろの ビー玉が あります。赤は 8こで，青は 赤より 3こ すくないです。また，きいろは 青より 6こ おおいです。きいろは なんこ ありますか。〈10点〉

（しき）

復習テスト⑧

25分　　/100　　答え30ページ

1 けいさんを しなさい。〈4点×12〉

(1) 3 + 9

(2) 16 − 8

(3) 5 + 2 + 7

(4) 8 + 6 + 4

(5) 14 − 9 − 2

(6) 18 − 5 − 7

(7) 9 + 4 − 6

(8) 12 − 3 + 9

(9) 4 + 5 + 3 + 1

(10) 19 − 6 − 2 − 4

(11) 4 + 7 − 5 + 8

(12) 17 − 8 − 4 + 6

2 いちごが 15こ あります。りほさんが 7こ，いもうとが 6こ たべました。のこりは なんこですか。〈10点〉

(しき)

3 下の ような 7まいの カードが あります。この 中から 3 まいを えらんで, 3つの かずを たします。〈10点×2〉

| 1 | 2 | 3 | 4 | 5 | 6 | 7 |

(1) こたえが 17に なるとき, 3つの かずを こたえなさい。

(2) こたえが 16に なるとき, 3つの かずを 2とおり こたえな さい。

4 ぼくじょうに うまが 8とう, うしが 6とう います。子う まが 2とう, 子うしが 1とう うまれました。ぜんぶで なんとう に なりましたか。〈10点〉

(しき)

5 はこに えんぴつが 12本 入って います。はこから えんぴ つを ゆりかさんが 4本とり, いもうとが なん本か とったら, 5 本 のこりました。いもうとが とった えんぴつは なん本ですか。

(しき)

〈12点〉

11 大きい かずの たしざん

ねらい 2位数どうしのたし算のしかたを理解する。計算を速く，正確にできるようにする。

★ 標準レベル   ⏱15分   /100   答え31ページ

1 □に あてはまる かずを かきなさい。〈5点×2〉

(1) 14 + 25 の けいさんの かんがえかた

14 + 25 は，10 + 4 +  ① + 5

```
 14 + 25
 ╱╲   ╱╲
10  4 □  5
```

まとめて けいさん ➡ ② □ と 9で ③ □

(2) 36 + 7 の けいさんの かんがえかた

36 + 7 は，30 + ① □ + 7

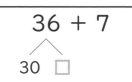
```
 36 + 7
 ╱╲
30  □
```

まとめて けいさん ➡ 30 と ② □ で ③ □

2 たしざんを しなさい。〈5点×8〉

(1) 61 + 8   (2) 40 + 35

(3) 23 + 50   (4) 14 + 72

(5) 37 + 3   (6) 56 + 4

(7) 29 + 8   (8) 5 + 76

3 まん中の かずと まわりの かずを たします。あいて い
る ところに かずを かきなさい。〈10点×2〉

(1)

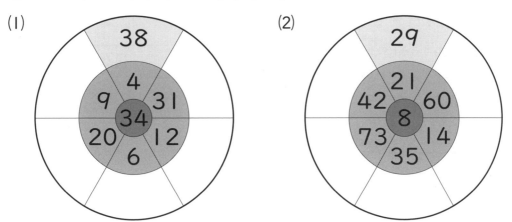

(2)

4 36円の ガムと 50円の チョコレートを かうと, なん円に
なりますか。〈10点〉

(しき)

5 さやかさんは 本を きのう 16ページ, きょう 22ページ
よみました。ぜんぶで なんページ よみましたか。〈10点〉

(しき)

6 1年生が 65人 います。2年生は 1年生より 7人 おおい
そうです。2年生は なん人ですか。〈10点〉

(しき)

★★ 上級レベル①　⏱25分　　　/100　答え31ページ

１ □に　あてはまる　かずを　かきなさい。〈6点×2〉

(1) 34 + 26 の　けいさんの　かんがえかた

34 + 26 は, 30 + 4 + 20 + ①□

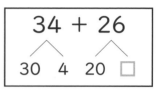

まとめて　けいさん　▷　50 と　②□ で　③□

(2) 19 + 42 の　けいさんの　かんがえかた

19 + 42 は, 10 + 9 + ①□ + 2

まとめて　けいさん　▷　②□ と　11で　③□

２ たしざんを　しなさい。〈4点×12〉

(1) 25 + 15　　　　　　　(2) 47 + 23

(3) 28 + 32　　　　　　　(4) 39 + 31

(5) 16 + 27　　　　　　　(6) 44 + 38

(7) 35 + 29　　　　　　　(8) 18 + 56

(9) 46 + 48　　　　　　　(10) 63 + 19

(11) 37 + 57　　　　　　　(12) 29 + 64

3 かって きた おりがみを 13まい つかったら，47まい の
こりました。かって きた おりがみは なんまいですか。〈10点〉
（しき）

4 ちあきさんは シールを 26まい もって います。おかあさん
から 15まい，おねえさんから 8まい もらいました。ぜんぶで
なんまいに なりましたか。〈10点〉
（しき）

5 バラが 37本 あります。チューリップは バラより 5本 お
おいです。あわせて なん本 ありますか。〈10点〉
（しき）

6 かずやさんは 14さいです。おとうさんは
かずやさんより 32さい 年上で，おじいさんより
29さい 年下です。おじいさんは なんさいですか。

〈10点〉

（しき）

★★　上級レベル②　　　⏱ 25分　　　　／100　答え32ページ

1　□に　あてはまる　かずを　かきなさい。〈6点×2〉

(1) 48 ＋ 32 の　けいさんの　かんがえかた

48 ＋ 32 は、 ①□ ＋ 8 ＋ 30 ＋ 2

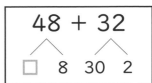

まとめて　けいさん⟩　②□　と　10で　③□

(2) 27 ＋ 69 の　けいさんの　かんがえかた

27 ＋ 69 は、 20 ＋ 7 ＋ 60 ＋ ①□

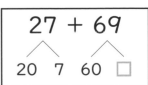

まとめて　けいさん⟩　80と　②□　で　③□

2　たしざんを　しなさい。〈4点×12〉

(1) 14 ＋ 56　　　　　　　　(2) 29 ＋ 21

(3) 35 ＋ 45　　　　　　　　(4) 72 ＋ 18

(5) 28 ＋ 33　　　　　　　　(6) 17 ＋ 47

(7) 46 ＋ 25　　　　　　　　(8) 53 ＋ 39

(9) 67 ＋ 26　　　　　　　　(10) 38 ＋ 37

(11) 29 ＋ 49　　　　　　　　(12) 38 ＋ 54

3 もって いる お金で 78円の おかしを かったら, 15円 のこりました。はじめに もって いた お金は なん円ですか。

〈10点〉

(しき)

4 本を きのうまでに 46ページ よみ, きょうは 16ページ よみました。あと 9ページで よみおわります。本は ぜんぶで なんページ ありますか。〈10点〉

(しき)

5 こうていに 男の子が 34人, 女の子が 男の子より 7人 お おく います。子どもは ぜんぶで なん人 いますか。〈10点〉

(しき)

6 ガムは 42円です。クッキーは ガムより 18円 たかく, チョコレートより 35円 や すいそうです。チョコレートは なん円ですか。

〈10点〉

(しき)

★★★ 最高レベル　　　⏱30分　　　／100　答え32ページ

1 □に　あてはまる　かずを　かきなさい。〈8点×2〉

(1) 12 ＋ 31 ＋ 46 の　けいさんの　かんがえかた

12 ＋ 31 ＋ 46 は, 10 ＋ 2 ＋ 30 ＋ 1 ＋ 40 ＋ ①□

10 2　30 1　40 □

まとめて　けいさん ⟹　80 と　②□　で　③□

(2) 25 ＋ 13 ＋ 34 の　けいさんの　かんがえかた

25 ＋ 13 ＋ 34 は, 20 ＋ 5 ＋ 10 ＋ 3 ＋ ①□ ＋ 4

20 5　10 3　□ 4

まとめて　けいさん ⟹ ②□ と　12で　③□

2 たしざんを　しなさい。〈4点×10〉

(1) 16 ＋ 30 ＋ 22

(2) 31 ＋ 52 ＋ 14

(3) 40 ＋ 27 ＋ 13

(4) 33 ＋ 21 ＋ 26

(5) 18 ＋ 34 ＋ 42

(6) 52 ＋ 15 ＋ 27

(7) 24 ＋ 29 ＋ 35

(8) 17 ＋ 63 ＋ 19

(9) 12 ＋ 25 ＋ 11 ＋ 32

(10) 41 ＋ 18 ＋ 16 ＋ 21

3 もって いる お金で 白い がようしと 赤い がようしを かうと, 13円 あまります。 白い がようしは 38円で, 赤い がようしは 白い がようしより 6円 たかいです。もって いる お金は なん円ですか。〈10点〉

(しき)

4 レモンが 25こ あります。りんごは レモンより 7こ おおく, みかんより 9こ すくないです。レモンと りんごと みかんを あわせると なんこに なりますか。〈10点〉

(しき)

5 さやかさんと えいたさんと けんごさんは じゃんけんを 5かい しました。1人だけ かったら かった 人が 25てん, 2人が かったら かった 人が 20てんずつ, あいこは みんなが 15てんずつ, まけると 0てんです。いちばん とくてんが たかい 人は だれで, なんてんですか。〈24点〉

	1かい目	2かい目	3かい目	4かい目	5かい目
さやかさん	パー	グー	チョキ	パー	チョキ
えいたさん	パー	パー	グー	パー	チョキ
けんごさん	グー	チョキ	チョキ	パー	グー

(しき)

学習日 月 日

12 大きい かずの ひきざん

ねらい 2位数どうしのひき算のしかたを理解する。計算を速く，正確にできるようにする。

★ 標準レベル ⏱15分 ⬜/100 答え33ページ

1 □に あてはまる かずを かきなさい。〈5点×2〉

(1) 47 − 12の けいさんの かんがえかた

47 − 12 は, 40 + 7 − 10 − ①⬜

```
47 − 12
40  7  10  □
```

まとめて けいさん ➡ 30 と ②⬜ で ③⬜

(2) 70 − 28の けいさんの かんがえかた

70 − 28 は, ①⬜ + 10 − 20 − 8

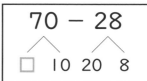

```
70 − 28
□  10  20  8
```

まとめて けいさん ➡ ②⬜ と 2で ③⬜

2 ひきざんを しなさい。〈5点×8〉

(1) 49 − 6　　　　　　　(2) 73 − 50

(3) 36 − 31　　　　　　 (4) 58 − 47

(5) 97 − 64　　　　　　 (6) 80 − 9

(7) 40 − 25　　　　　　 (8) 60 − 52

3 まん中の かずから まわりの かずを ひきます。
あいて いる ところに かずを かきなさい。〈10点×2〉

(1)
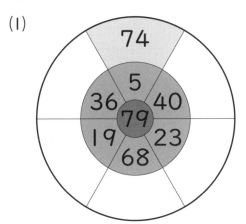

(2)
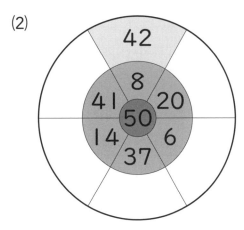

4 はたけで じゃがいもが 47こ とれました。おとなりに
12こ あげると，なんこ のこりますか。〈10点〉
（しき）

5 64円の 白い リボンと 85円の ピンクの リボンが
あります。どちらが なん円 たかいですか。〈10点〉
（しき）

6 70人 のれる ふねに なん人かの 人が のって います。
あと 13人 のれるそうです。ふねに のって いる 人は
なん人ですか。〈10点〉
（しき）

★★　上級レベル①　　　　　🕐25分　　　　　／100　　答え34ページ

1 □に　あてはまる　かずを　かきなさい。〈6点×2〉

(1) 52 − 14 の　けいさんの　かんがえかた

52 − 14 は，40 + ①□ − 10 − 4

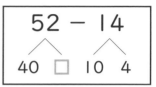

まとめて　けいさん ➡ 30 と ②□ で ③□

(2) 86 − 39 の　けいさんの　かんがえかた

86 − 39 は，①□ + 16 − 30 − 9

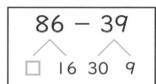

まとめて　けいさん ➡ ②□ と　7で ③□

2 ひきざんを　しなさい。〈4点×12〉

(1) 34 − 7　　　　　　　　　(2) 61 − 5

(3) 48 − 29　　　　　　　　(4) 73 − 48

(5) 92 − 36　　　　　　　　(6) 85 − 19

(7) 67 − 58　　　　　　　　(8) 41 − 32

(9) 53 − 27　　　　　　　　(10) 72 − 15

(11) 84 − 76　　　　　　　　(12) 96 − 57

3 としょしつで 本を きのうは 88さつ，きょうは 93さつ かし出しました。きょうは きのうより なんさつ おおく かし出しましたか。〈10点〉

(しき)

4 あめが 54こ あります。ゆうじさんが 15こ，れいなさんが なんこか とったら，18こ のこりました。れいなさんが とった あめは なんこですか。〈10点〉

(しき)

5 すみれさんは おりがみを 62まい もって います。いもうとには 24まい，おとうとには いもうとより 5まい すくなく あげました。おりがみは なんまい のこって いますか。〈10点〉

(しき)

6 ○，△，☆の シールが あわせて 78まい あります。○は 31まい あって，△より 9まい おおいです。△と ☆は どちらが なんまい おおいですか。〈10点〉

(しき)

★★　上級レベル②　　⏱25分　　／100　　答え34ページ

1　□に　あてはまる　かずを　かきなさい。〈6点×2〉

(1) 43 − 26 の　けいさんの　かんがえかた

43 − 26 は，①□ + 13 − 20 − 6

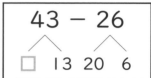

まとめて　けいさん ➡ ②□ と　7で　③□

(2) 97 − 58 の　けいさんの　かんがえかた

97 − 58 は，80 + ①□ − 50 − 8

まとめて　けいさん ➡ 30 と　②□ で　③□

2　ひきざんを　しなさい。〈4点×12〉

(1) 52 − 4

(2) 35 − 9

(3) 41 − 25

(4) 64 − 37

(5) 72 − 53

(6) 93 − 48

(7) 81 − 19

(8) 62 − 55

(9) 53 − 47

(10) 82 − 26

(11) 74 − 15

(12) 97 − 59

3 おみせに ジュースが 62本 ならんで います。なん本か うれたので，のこりは 37本に なりました。うれた ジュースは なん本ですか。〈10点〉
（しき）

4 けんたさんは カードを 54まい もって います。おとうとに 15まい，いもうとに なんまいか あげたら，のこりは 33まいに なりました。いもうとに あげた カードは なんまいですか。〈10点〉
（しき）

　　　　　　　　　　　　　　　　　　　　　　　　　　　　　　　　　

5 95まいの はがきが あります。ゆりなさんが 23まい，おかあさんが ゆりなさんより 14まい おおく つかいました。はがきは なんまい のこって いますか。〈10点〉
（しき）

　　　　　　　　　　　　　　　　　　　　　　　　　　　　　　　　　

6 もも，ぶどう，いちごの 3つの あじの あめが あわせて 80こ あります。ももあじは 27こで，ぶどうあじより 9こ おおいです。いちごあじは ぶどうあじより なんこ おおいですか。〈10点〉
（しき）

1 □に　あてはまる　かずを　かきなさい。〈5点×2〉

(1) 79 − 24 − 31 の　けいさんの　かんがえかた

79 − 24 − 31 は，70 + ①□ − 20 − 4 − 30 − 1

70 □ 20 4 30 1

まとめて　けいさん　　20 と　②□ で　③□

(2) 93 − 35 − 26 の　けいさんの　かんがえかた

93 − 35 − 26 は，80 + ①□ − 30 − 5 − 20 − 6

80 □ 30 5 20 6

まとめて　けいさん　　30 と　②□ で　③□

2 けいさんを　しなさい。〈4点×10〉

(1) 58 − 12 − 35

(2) 86 − 43 − 23

(3) 60 − 27 − 31

(4) 70 − 15 − 42

(5) 95 − 36 − 28

(6) 54 − 22 − 19

(7) 77 − 49 + 25

(8) 91 − 53 + 42

(9) 89 − 13 + 21 − 35

(10) 60 + 34 − 48 − 17

3 でん車に 95人の 人が のって います。1つ目の えきで 18人 おりて 6人 のって きました。2つ目の えきで 34人 おりて 15人 のって きました。でん車に のって いる 人は なん人に なりましたか。〈15点〉

（しき）

4 赤，青，白，きいろの ボールが あわせて 84こ あります。赤い ボールは 27こ あって，青い ボールより 3こ おおく，白い ボールより 9こ おおいです。きいろの ボールは なんこ ありますか。〈15点〉

（しき）

5 ゆうきさんと さとしさんは 50円玉，10円玉，5円玉，1円玉を 3かいずつ なげました。おもてが 出た 金がくを たすと，ゆうきさんが さとしさんより 9円 たかく なりました。あいて いる ところに 「おもて」か 「うら」を かきなさい。〈20点〉

ゆうきさん

	1かい目	2かい目	3かい目
50円玉	うら	おもて	うら
10円玉	おもて	おもて	おもて
5円玉	おもて	うら	おもて
1円玉	おもて	おもて	うら

さとしさん

	1かい目	2かい目	3かい目
50円玉	うら	おもて	
10円玉	おもて	おもて	
5円玉	うら	おもて	
1円玉	おもて	おもて	

（しき）

復習テスト⑨

⏱ 25分　　／100　答え 36ページ

1 たしざんを　しなさい。〈4点×6〉

(1) 40 + 20

(2) 27 + 7

(3) 32 + 26

(4) 17 + 53

(5) 24 + 38

(6) 35 + 57

2 ひきざんを　しなさい。〈4点×6〉

(1) 68 − 30

(2) 51 − 4

(3) 49 − 15

(4) 70 − 62

(5) 63 − 46

(6) 91 − 38

3 たいいくかんに　28人の　子どもが　います。あとから　なん人か　きたので，ぜんぶで　43人に　なりました。あとから　きたのは　なん人ですか。〈10点〉

（しき）

4 右の ような 5まいの カードの うち, 2まいを つかって, 10より 大きい かずを つくります。〈10点×2〉

> 1と 5を つかうと 「15」が できます。

1 2 3 4 5

(1) いちばん 大きい かず と いちばん 小さい かずを たすと, いくつに なりますか。

（しき）

（　　　　　　）

(2) 2ばん目に 大きい かずから 2ばん目に 小さい かずを ひくと, いくつに なりますか。

（しき）

（　　　　　　）

5 かなさんは おりがみを 39まい もって います。15まい つかった あと, おねえさんから 22まい もらいました。もって いる おりがみは なんまいに なりましたか。〈10点〉

（しき）

（　　　　　　）

6 なわとびを あいかさんは 64かい とびました。まいさんは あいかさんより 8かい おおく, さとみさんより 17かい おおく とびました。さとみさんは なんかい とびましたか。〈12点〉

（しき）

（　　　　　　）

復習テスト⑩

⏱ 25分　　／100　答え36ページ

1 たしざんを　しなさい。〈4点×6〉

(1) 50 ＋ 40

(2) 6 ＋ 39

(3) 21 ＋ 73

(4) 45 ＋ 15

(5) 39 ＋ 27

(6) 18 ＋ 78

2 ひきざんを　しなさい。〈4点×6〉

(1) 40 － 7

(2) 82 － 3

(3) 54 － 36

(4) 75 － 68

(5) 61 － 29

(6) 93 － 45

3 ケーキが　きのう　74こ　うれました。きょうは　きのうより
18こ　おおく　うれました。きょうは　なんこ　うれましたか。〈10点〉
（しき）

4 つぎの　かずを　こたえなさい。〈10点×2〉

(1) 40より　16　大きい　かずが　あります。この　かずは　95より　いくつ　小さいですか。

（しき）

(2) 82より　37　小さい　かずが　あります。この　かずは　19より　いくつ　大きいですか。

（しき）

5　ひこうきに　おとなが　65人，子どもが　9人　のって　います。あと　21人　のれます。ぜんぶで　なん人　のれますか。〈10点〉

（しき）

6　花だんに　赤，白，きいろの　花が　あわせて　85本　さいて　います。赤い　花は　26本で，白い　花より　13本　すくないです。きいろい　花は　なん本　さいて　いますか。〈12点〉

（しき）

思考力問題にチャレンジ①

⏱ 30分　　／100　　答え37ページ

1 いすとりゲームを しました。〈10点 × 4〉

(1) 1かいせんは, いすが 7つ, 子どもは 10人 さんかします。

① 下の ずの □に あてはまる かずを かきなさい。

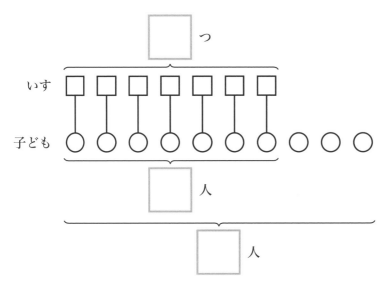

② いすに すわれない 子どもは なん人ですか。

(2) 2かいせんは, 子どもが 7人 さんかします。7つ あった いす
のうち いくつか へらします。

① いすを 2つ へらすと, すわれる 子どもは なん人に なり
ますか。

（しき）

② すわれる 子どもを 3人に するには, いすを いくつ へら
せば よいですか。

（しき）

2 ノートが 12さつ, けしゴムが 16こ, えんぴつが 20本 あります。ノートと けしゴムと えんぴつを きまった かずずつ ふくろに 入れた プレゼントを つくります。〈20点 × 3〉

(1) ノート 1さつと けしゴム 1こと えんぴつ 1本を ふくろに 入れた プレゼントを つくります。プレゼントは なんふくろ できますか。

(2) ノート 2さつと けしゴム 2こと えんぴつ 2本を ふくろに 入れた プレゼントを つくります。

① プレゼントは なんふくろ できますか。

② プレゼントを 8ふくろ つくるには, どれが いくつ たりませんか。

13　とけい

ねらい　時計を読むことができる。また，それを生活の場面に生かすことができる。

★ 標準レベル　⏱15分　／100　答え38ページ

1 なんじですか。〈4点×5〉

(1)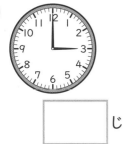

□ じ

(2)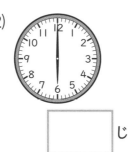

□ じ

(3)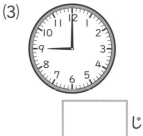

□ じ

(4)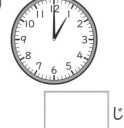

□ じ

(5)

□ じ

2 なんじはんですか。〈4点×5〉

(1)

(2)

(3)

(4)

(5)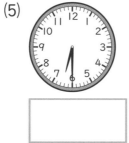

3 なんじなんぷんですか。〈4点×12〉

(1)

(2)

(3)

(4)

(5)

(6)

(7)

(8)

(9)

(10)

(11)

(12)

4 ながい はりを かきなさい。〈4点×3〉

(1) 9 じはん

(2) 10 じ 6 ぷん

(3) 1 じ 12 ふん

★★　上級レベル　　🕐20分　　　／100　　答え38ページ

1 とけいを　見て　こたえなさい。〈6点×3〉

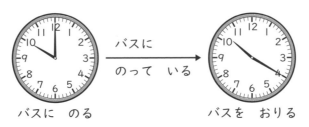

バスに　のる　→　バスに　のって　いる　→　バスを　おりる

(1) バスに　のった　ときの　とけいを　よみなさい。

(2) バスを　おりた　ときの　とけいを　よみなさい。

(3) バスに　のって　いる　あいだに　ながい　はりは　なん目もり
すすみましたか。

　　目もり

2 とけいを　見て　こたえなさい。〈6点×3〉

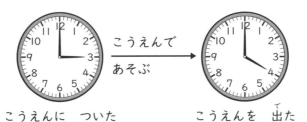

こうえんに　ついた　→　こうえんで　あそぶ　→　こうえんを　出た

(1) こうえんに　ついた　ときの　とけいを　よみなさい。

(2) こうえんを　出た　ときの　とけいを　よみなさい。

(3) こうえんで　あそんで　いた　あいだに　ながい　はりは
なん目もり　すすみましたか。

　　目もり

3 ふうかさんは 2じから 3じまで としょかんに いました。
とけいを 見て こたえなさい。〈(1)4点×3，(2)4点〉

(1) あ～うの とけいを よみなさい。

あ ☐　　い ☐　　う ☐

(2) としょかんに ついてから 出るまでに 見た とけいの
じゅんに きごうを ならべなさい。

☐ → ☐ → ☐

4 ながい はりは なん目もり すすみましたか。〈8点×6〉

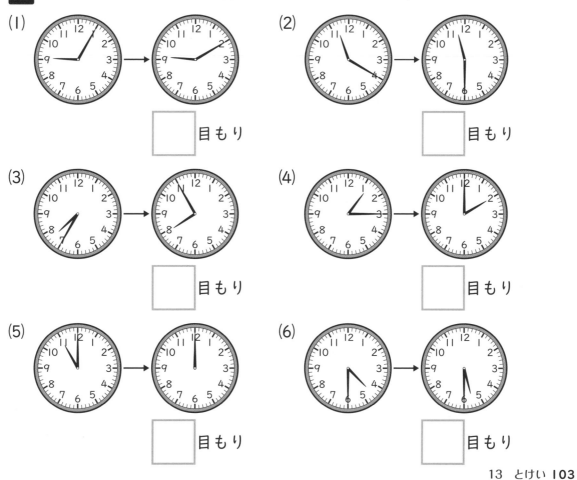

(1) ☐ 目もり

(2) ☐ 目もり

(3) ☐ 目もり

(4) ☐ 目もり

(5) ☐ 目もり

(6) ☐ 目もり

1 とけいの　はりが　すすみました。たりない　はりを　かきなさい。また，とけいは　なんじ，なんじなんぷんか　こたえなさい。〈5点×6〉

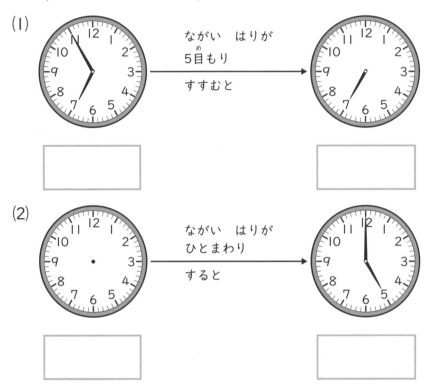

(1)　ながい　はりが
5目もり
すすむと

(2)　ながい　はりが
ひとまわり
すると

2 なんじなんぷんですか。〈15点×2〉

(1)
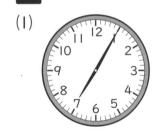
の　ながい　はりが　2まわり　した　あと

(2)

の　ながい　はりが　5まわり　した　あと

3 ながい はりが あと なん目もり すすむと 6じに なりますか。〈4点×3〉

(1)

(2)

(3)

| | 目もり | | 目もり | | 目もり |

4 はるとさんは どうぶつえんに いきました。〈7点×4〉

あ
おひるごはんを
たべた

い
ペンギンを 見た

う
チンパンジーを
見た

え
どうぶつえんに
ついた

お
ぞうを 見た

か
イルカを 見た

き
どうぶつえんを
出た

(1) イルカを 見たのは なんじなんぷんですか。

(2) どうぶつえんに ついてから チンパンジーを 見るまでに
ながい はりは なん目もり すすみましたか。
| 目もり

(3) おひるごはんを たべた あとの とけいを すべて きごうで
こたえなさい。

(4) どうぶつえんに ついてから 出るまでに ながい
はりは なんかい まわりましたか。
| かい

14　ひょうや　グラフ

ねらい 物の数を整理して，表やグラフにまとめたり，数を比べたりできる。

★ **標準レベル**　　　⏱15分　　　　　／100　　答え **40** ページ

I くだものの　かずを　せいりします。〈7点×6〉

(1) くだものの　かずだけ　右(みぎ)の　ひょうに
　　いろを　ぬりなさい。

(2) いちばん　おおい　くだものは
　　どれですか。

(3) いちばん　すくない　くだものは
　　どれですか。

(4) りんごと　くりの　かずの　ちがいは
　　なんこですか。　　　　　　　　　　　　こ

(5) みかんと　ももでは，どちらが　なんこ　おおいですか。

　　　　　　　　　　　が　　　　　　　　こ　おおい。

(6) くだものは　ぜんぶで　なんこ　ありますか。　　　　　　こ

り ん ご	バ ナ ナ	く り	み か ん	も も

2 おかしの かずを せいりしました。

〈7点×7〉

(1) ガムは なんこですか。 □こ

(2) いちばん おおい おかしは
どれですか。 □

(3) いちばん すくない おかしは
どれですか。 □

(4) かずが 10この おかしは
どれですか。 □

(5) せんべいと クッキーの かずの ちがいは なんこですか。

□こ

(6) おなじ かずの おかしは どれと どれですか。

□ と □

(7) おかしは ぜんぶで なんこ ありますか。 □こ

3 **2** の おかしの かずを ひょうに せいりします。あめ，せんべい，クッキー，ゼリーの かずを かき入れて，ひょうを かんせいさせなさい。〈9点〉

おかし	ガム	あめ	せんべい	クッキー	ゼリー
かず（こ）	7				

★★　上級レベル　　　　🕐 20分　　　　／100　　答え40ページ

I シールの かずを しらべます。〈10点×6・(1)〜(3)は完答〉

(1) シールの かずは それぞれ なんまいですか。

① ⭐ … [ ] まい　② ❤ … [ ] まい

③ 🍀 … [ ] まい　④ 🎀 … [ ] まい

(2) シールの かずを 下の ひょうに あらわしなさい。

しゅるい	ほし ⭐	ハート ❤	クローバー 🍀	リボン 🎀
かず（まい）				

(3) シールの かずだけ ○を かいて グラフに あらわしなさい。

(4) いちばん おおい しゅるいに ○を つけなさい。

(5) ⭐と 🍀の かずの ちがいは なんまいですか。

[ ] まい

(6) シールは ぜんぶで なんまいですか。

[ ] まい

ほし ⭐	ハート ❤	クローバー 🍀	リボン 🎀

下から じゅんに ○を かきます。

2 やさいの かずを しらべて，ひょうと グラフに せいり
しました。〈(1)4点×4，(2)〜(7)4点×6〉

なまえ	にんじん	だいこん	なす	きゅうり
かず (本)	5		3	

(1) ひょうと グラフの あいて いる
ところに かずや ○を かいて
かんせいしなさい。

			○
			○
			○
	○		○
○	○		○
○	○		○
○	○		○
にんじん	だいこん	なす	きゅうり

(2) いちばん おおい やさいは どれですか。

(3) いちばん すくない やさいは どれですか。

(4) にんじんと なすの かずの ちがいは なん本ですか。 □ 本

(5) だいこんと きゅうりの かずの ちがいは なん本ですか。 □ 本

(6) にんじんと きゅうりでは，どちらが なん本 おおいですか。

□ が □ 本 おおい。

(7) やさいは ぜんぶで なん本 ありますか。 □ 本

1 サッカーボールが 3こ あります。
バレーボールは サッカーボールより
2こ おおいそうです。テニスボールは
バレーボールより 1こ すくないそうで
す。〈10点×3〉

サッカーボール	バレーボール	テニスボール

(1) ボールの かずだけ ○を かいて
　グラフに あらわしなさい。

(2) ボールの かずを ひょうに あらわしなさい。

しゅるい	サッカーボール	バレーボール	テニスボール
かず（こ）			

(3) ボールは ぜんぶで なんこ ありますか。

 こ

2 パンが ぜんぶで 16こ あります。パンの しゅるい ごと
に かずを しらべて ひょうと グラフに あらわしましたが, きえ
て 見（み）えなく なった ところが あります。

しゅるい	あんパン	ジャムパン	クリームパン
かず（こ）		4	5

あんパンは なんこですか。〈10点〉

 こ

		○
	○	○
	○	○
	○	○
	○	○
あんパン	ジャムパン	クリームパン

3 かのんさん，まいかさん，ひなさんが お金を もって います。

〈(1) 10点×3・それぞれの人について完答，(2)～(4) 10点×3・(2)は完答〉

(1) お金の まいすうだけ ○を かいて，グラフに あらわしなさい。また，なん円か こたえなさい。

かのんさん　　　　まいかさん　　　　ひなさん

☐ 円　　　　☐ 円　　　　☐ 円

(2) 3人の お金を あわせた まいすうを ひょうに かきなさい。

しゅるい	⑩	⑤	①
かず（まい）			

(3) かのんさんは まいかさんより なん円 おおく もって いますか。

☐ 円

(4) 3人の お金を あわせると，100円の おりがみが かえますか。

（ かえます・かえません ）

復習テスト⑪

🕐 25分　／100　答え 42ページ

1 とけいを　よみなさい。〈6点×3〉

(1)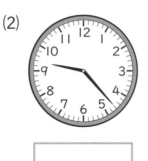

(2)

(3)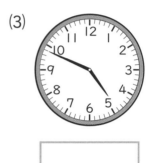

```
[　　　]  [　　　]  [　　　]
```

2 ながい　はりは　なん目もり　すすみましたか。〈7点×4〉

(1)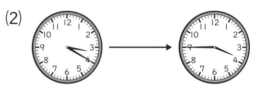

[　　　] 目もり

(2)

[　　　] 目もり

(3)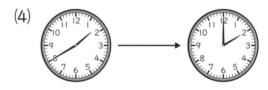

[　　　] 目もり

(4)

[　　　] 目もり

3 とけいの　ながい　はりが　ひとまわり　した　あとの　とけい
の　はりを　かきなさい。〈9点×2〉

(1)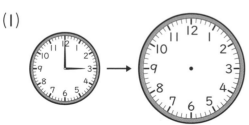

(2)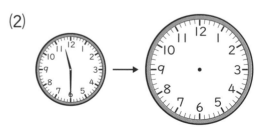

4 パンの　かずを　しらべます。〈6点×6〉

(1) パンの　かずだけ　○を　かいて，グラフに　あらわしなさい。

(2) パンの　かずを　下(した)の　ひょうに　あらわしなさい。

しゅるい				
かず（こ）				

(3) いちばん　かずが　おおい　しゅるいに　○を　つけなさい。

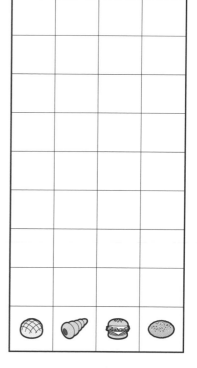

(🍈 ・ 🐚 ・ 🍔 ・ 🍪)

(4) 🍈と　🐚の　かずの　ちがいは　なんこですか。　　□こ

(5) 🍔と　かずが　1こ　ちがう　しゅるいを　すべて　えらんで　○を　つけなさい。

(🍈 ・ 🐚 ・ 🍪)

(6) パンは　ぜんぶで　なんこ　ありますか。　　□こ

復習テスト⑫

⏱ **25**分　　／**100**　答え**42**ページ

---

1 ながい　はりを　かきなさい。〈5点×3〉

(1)　7じはん

(2)　11じ9ふん

(3)　3じ56ぷん

---

2 なおさんは　5じから　7じまでの　あいだに　4かい　とけい
を　見ました。〈7点×3〉

ⓐ 　ⓘ 　ⓤ 　ⓔ

(1) ⓐ〜ⓔの　とけいを　よみなさい。

ⓐ	ⓘ	ⓤ	ⓔ

(2) 5じから　7じまでに　見た　とけいの　じゅんに　きごうを　な
らべなさい。

□ → □ → □ → □

(3) 5じから　7じまでの　あいだに　とけいの　ながい　はりは　な
んかい　まわりましたか。

□かい

3 ひなたさんの　クラスで，かって　いる　ペットの　かずを　しらべて，ひょうと　グラフに　せいりしました。〈8点×8〉

なまえ	犬(いぬ)	ねこ	ハムスター	うさぎ
かず（ひき）	あ	4	5	い

○			
○			
○			
○			
○			○
○			○
犬	ねこ	ハムスター	うさぎ

(1) ひょうの　あに　あてはまる　かずは　いくつですか。

(2) ひょうの　いに　あてはまる　かずは　いくつですか。

(3) ねこの　かずだけ　グラフに　○を　かきなさい。

(4) ハムスターの　かずだけ　グラフに　○を　かきなさい。

(5) かずが　おおい　じゅんに　なまえを　かきなさい。

(6) 犬と　うさぎの　かずの　ちがいは　なんびきですか。

 ひき

(7) 犬と　ねこの　かずの　ちがいは　なんびきですか。

　　　　　　　　　ひき

(8) ペットの　かずは　ぜんぶで　なんびきですか。

　　　　　　　　　ひき

15　ながさくらべ

ねらい 長さの直接比較，間接比較，任意単位による比較ができるようにする。

★ 標準レベル　15分　／100　答え43ページ

1 ながい　じゅんに　きごうを　かきなさい。〈10点×2〉

(1)

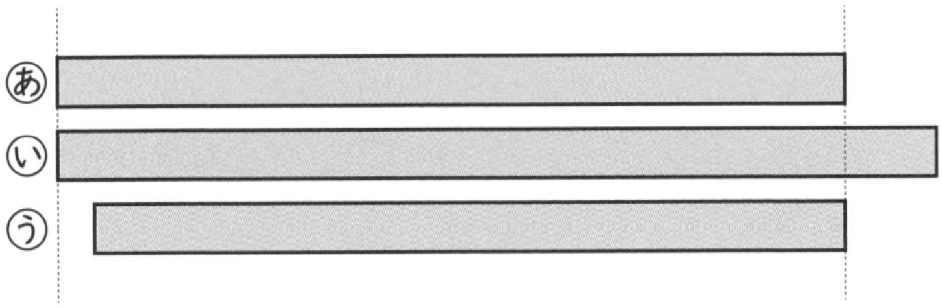

□→□→□

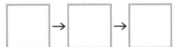

(2)

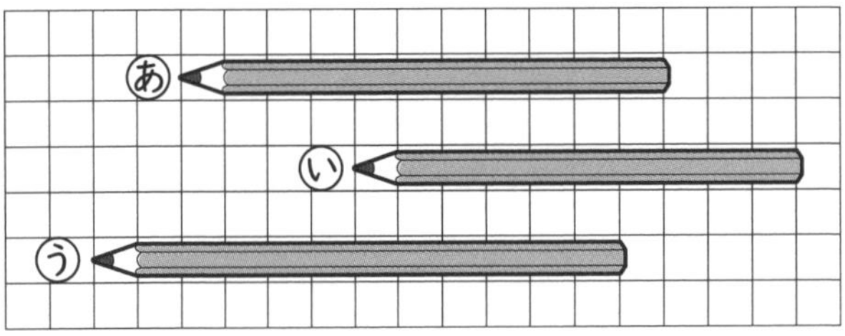

□→□→□

2 おなじ　大きさの　かみを　２まい　かさねて，あと　いの　ながさを　くらべました。どちらが　ながいですか。〈10点〉

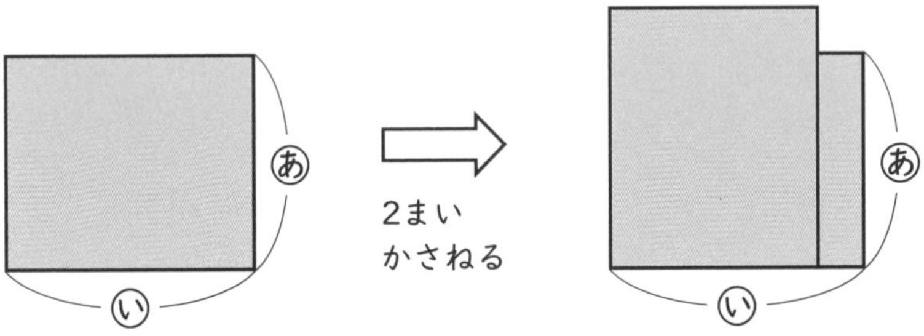

□

3 ながいのは　どちらですか。〈10点×2〉

(1)

(2)

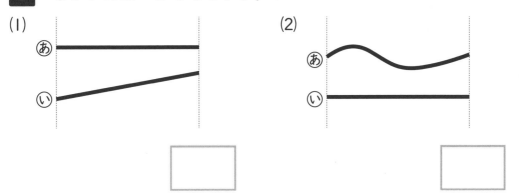

4 おなじ　ながさの　ものは　どれと　どれですか。ぜんぶ　えらびなさい。〈10点×3〉

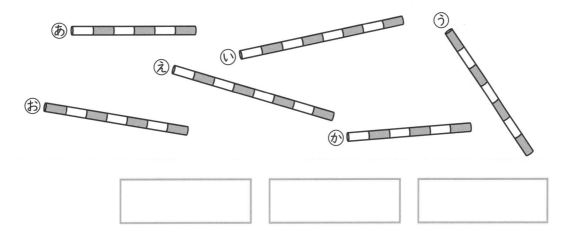

5 下の　ずを　見て　こたえなさい。〈10点×2〉

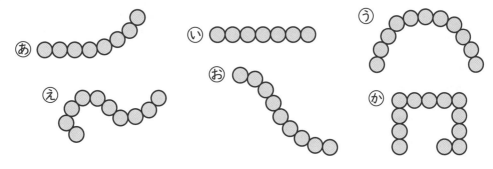

(1) いちばん　みじかい　ものは　どれですか。

(2) いちばん　ながい　ものは　どれですか。

★★ 上級レベル　　　🕐 25分　　　／100　　答え 43 ページ

1　かみを おって，あと いの ながさを くらべました。どちら
が ながいですか。〈10点〉

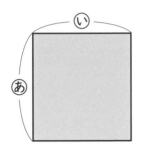 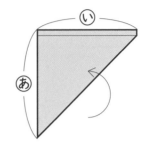

おる

2　ながい じゅんに きごうを かきなさい。〈20点×2〉

(1)

□ → □ → □ → □ → □

(2)

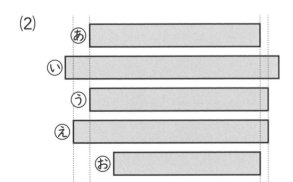

□ → □ → □ → □ → □

3 下の ずを 見て こたえなさい。〈10点×2〉

あ

い

う

え

お

(1) あと おでは, どちらが [車] なんこぶん ながいですか。

(2) いちばん ながい ものと, いちばん みじかい ものの ながさ の ちがいは [車] なんこぶん ですか。

4 右の ずを 見て こたえなさい。〈10点×3〉

(1) あと うを あわせた ながさと おなじに なるのは どれですか。

(2) ながさの ちがいが かと おなじ に なるのは あ～おの 中で ど れと どれですか。

(3) ながさの ちがいが あと いの ちがいと おなじに なるのは どれと どれですか。

1 下の　ずを　見て　こたえなさい。〈16点×4〉

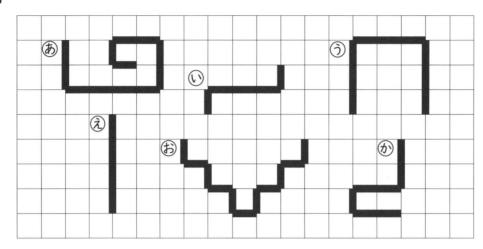

(1) あわせた　ながさが　㊍の　ながさと　おなじに　なるのは　どれ
　　と　どれですか。

(2) ながさの　ちがいが　㋐と　㋕の　ちがいと　おなじに　なるのは
　　どれと　どれですか。

(3) ㋑と　㋒と　㋓を　あわせた　ながさと　おなじに　なるのは　ど
　　れと　どれを　あわせた　ときですか。ただし，おなじ　ものを
　　2つ　あわせては　いけません。

(4) ながさの　ちがいが　㋑と　㋕の　ちがいと　おなじに　なるのは
　　どれと　どれですか。2とおり　こたえなさい。

2 下の ずのような はこの ⓐ, ⓘ, ⓤの ながさを, テープを つかって くらべました。

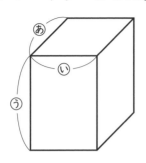

ⓐ, ⓘ, ⓤの ながさくらべ

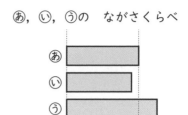

ふとい せんの ながさが ながい じゅんに きごうを かきなさい。〈12点×3〉

(1) ⓔ 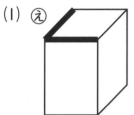　ⓞ 　ⓚ

$\boxed{} \rightarrow \boxed{} \rightarrow \boxed{}$

(2) ⓚ 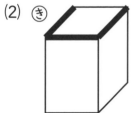　ⓛ 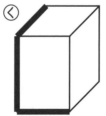　ⓜ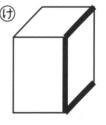

$\boxed{} \rightarrow \boxed{} \rightarrow \boxed{}$

(3) ⓞ 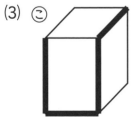　ⓢ 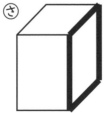　ⓣ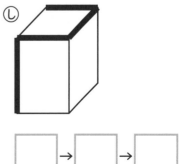

$\boxed{} \rightarrow \boxed{} \rightarrow \boxed{}$

学習日　月　日

16 かさくらべ

ねらい かさの直接比較，間接比較，任意単位による比較ができるようにする。

★ **標準レベル**　🕐15分　／100　答え45ページ

1 水が おおく 入って いるのは どちらですか。〈14点×2〉

(1)　あ　　い

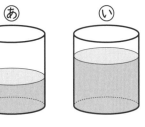

(2)　あ　　い

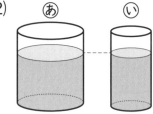

2 下の 入れものを 見て こたえなさい。〈14点×2〉

あ

い
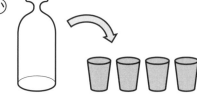

う

え
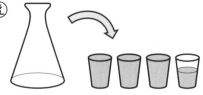

(1) コップ 5はいぶんの 水が 入るのは どれですか。

(2) 水が おおく 入る じゅんに きごうを かきなさい。

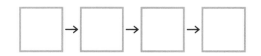

3 あと ⓘの 入れものが あります。あに いっぱいに なるまで 水を 入れます。その 水を からの ⓘに うつしたら, 水が あふれました。どちらが おおく 入りますか。〈14点〉

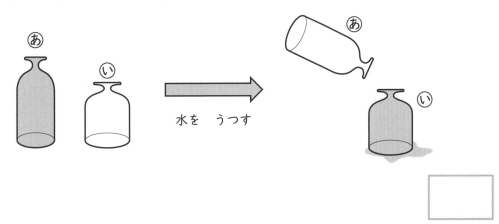

水を うつす

4 あと ⓘの はこが あります。ⓘは, あの 中に 入りました。どちらが 大きいですか。〈14点〉

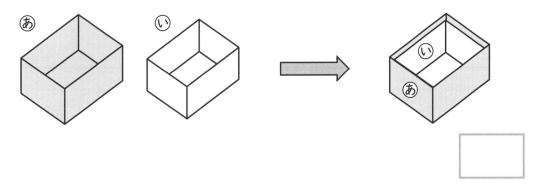

5 どちらが コップ なんばいぶん おおく 入りますか。〈16点〉

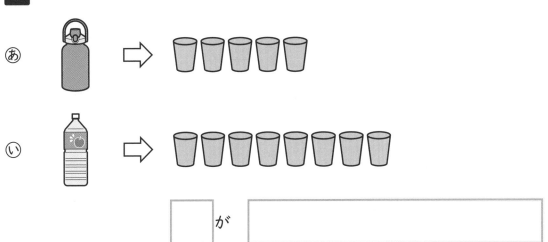

あ

ⓘ

が

★★　上級レベル

🕐 25分　　　　　／100　　答え **45**ページ

I　下の　入れものの　たかさは　ぜんぶ　おなじで，おなじだけ
水が　入って　います。おおく　入る　じゅんに　きごうを　かきなさ
い。〈16点〉

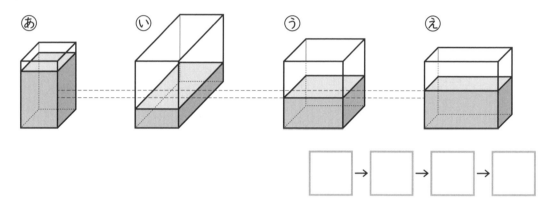

□→□→□→□

2　あわせると　水が　おおく　入って　いる　じゅんに　きごうを
かきなさい。〈16点×2〉

(1)

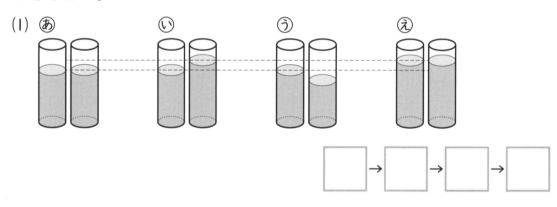

□→□→□→□

(2)

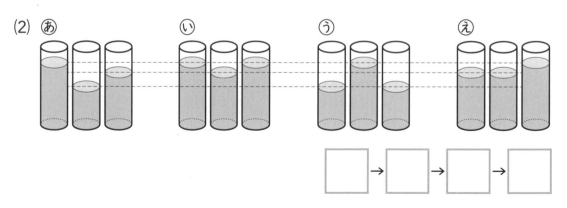

□→□→□→□

3 下の　ずのような　4つの　入れものが　あります。〈12点×3〉

(1) 入る　水が　いちばん　おおい　ものと，いちばん　すくない　ものとの　ちがいは　コップ　なんばいぶんですか。

(2) あは　うの　なんこぶんの　水が　入りますか。

(3) いと　うに　いっぱいに　なるまで　水を　入れます。つぎに，からの　あに，いと　うに　入れた　水を　ぜんぶ　うつします。あには，あと　コップ　なんばいぶんの　水が　入りますか。

4　あやめさん，かなたさん，さとしさんは，それぞれ　水とうに　入った　むぎちゃを　もって　います。あやめさんは　コップ　6ぱいぶん　もって　いて，かなたさんより　3ばいぶん　すくないです。また，さとしさんは，かなたさんより　1ぱいぶん　すくないです。おおい　じゅんに　なまえを　かきなさい。〈16点〉

	→		→	

★★★ 最高レベル　　　🕐 30分　　　／100　　答え 46 ページ

1 あわせると　水が　おおく　入って　いる　じゅんに　きごうを
かきなさい。〈15点×2〉

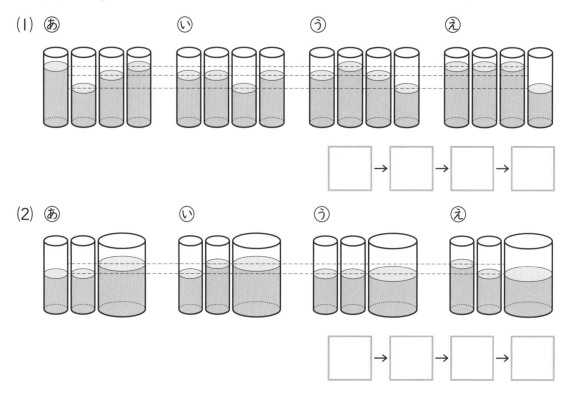

(1) ㋐　　　　　　㋑　　　　　　　　㋒　　　　　　　　㋓

```
□ → □ → □ → □
```

(2) ㋐　　　　　　㋑　　　　　　　㋒　　　　　　　㋓

```
□ → □ → □ → □
```

2 下の　入れものの　たかさは　ぜんぶ　おなじで，口の　ひろさ
も　すべて　おなじです。おなじだけ　水を　入れた　とき，ふかく
なる　じゅんに　きごうを　かきなさい。〈20点〉

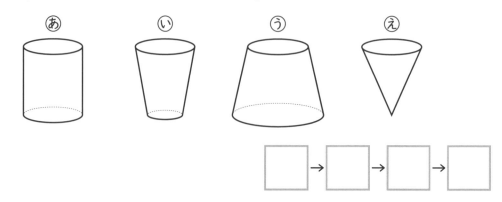

㋐　　　　　　㋑　　　　　　㋒　　　　　　㋓

```
□ → □ → □ → □
```

3 下の 入れものに それぞれ 水が 入って います。そこの ひろさと 口の ひろさは あと いと うが おなじで，えと おと かが おなじです。また，水は あと えでは あの ほうが おおく，うと かでは かの ほうが おおいです。水が おおく 入って いる じゅんに きごうを かきなさい。〈20点〉

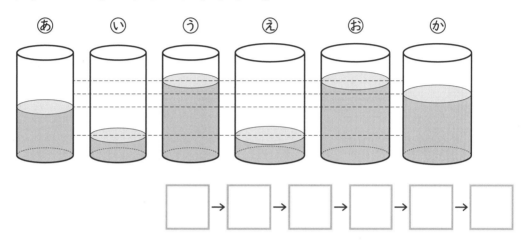

$$\square \rightarrow \square \rightarrow \square \rightarrow \square \rightarrow \square \rightarrow \square$$

4 赤，青，きいろ，みどりの ラベルが ついた 4つの びんに それぞれ コップ 6ぱいぶんずつ ジュースが 入って います。はじめに 赤の びんから 青の びんに コップ 2はいぶんの ジュースを うつしました。つぎに きいろの びんから 赤の びん に コップ 3ばいぶんの ジュースを うつしました。さいごに み どりの びんから きいろの びんに コップ 1ぱいぶんの ジュー スを うつしました。ただし，ジュースを うつす ときは ジュース が びんから あふれる ことは ありませんでした。〈15点×2〉

(1) ジュースが いちばん すくないのは どの
   びんですか。

(2) ジュースが いちばん おおい びんと，3ばん目に おおい び
   んの ちがいは コップ なんばいぶんですか。

17 ひろさくらべ

ねらい 広さの直接比較, 間接比較, 任意単位による比較ができるようにする。

★ 標準レベル　　15分　　／100　　答え47ページ

1 ⓐと ⓘを かさねて ひろさを くらべました。どちらが ひろいですか。〈10点×2〉

(1)
ⓐ　　ⓘ
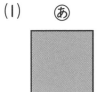 

(2)
ⓐ　　ⓘ
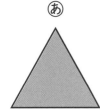

2 ◻ は なんこ ありますか。〈10点×3〉

(1)　　　　　(2)　　　　　(3)

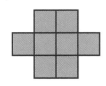 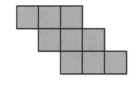 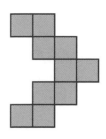

3 ▦ が おおい ほうが ひろいです。ひろい じゅんに きごう を かきなさい。〈15点〉

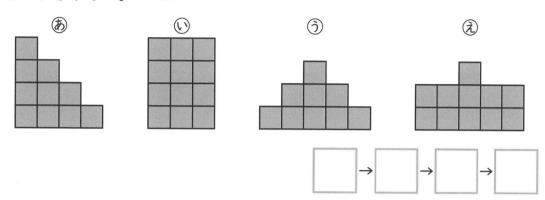

ⓐ　ⓘ　ⓤ　ⓔ

□ → □ → □ → □

4 白と くろでは，どちらが ひろいですか。〈10点×2〉

(1)

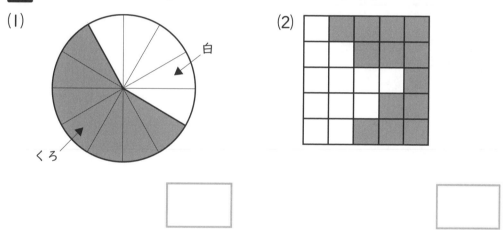

白

くろ

(2)

□

□

5 ⓐと ⓘの 花だんが あります。どちらが ▦の なんこぶん ひろいですか。〈15点〉

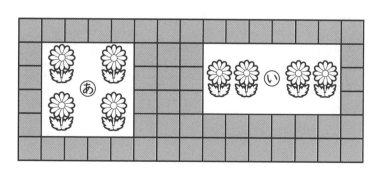

□ が □

★★　上級レベル　　🕐25分　　／100　　答え47ページ

1 下の　ずを　見て　こたえなさい。〈15点×2〉

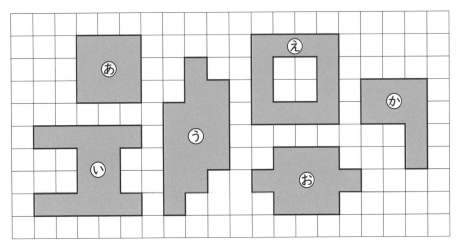

(1) ひろい　じゅんに　きごうを　かきなさい。

☐ → ☐ → ☐ → ☐ → ☐ → ☐

(2) いちばん　ひろい　ものと，いちばん　せまい　ものとの　ひろさ
　の　ちがいは　☐の　なんこぶんですか。

☐

2 つぎの　あの　ひろさは　いの　ひろさの　なんこぶんですか。

〈10点×2〉

(1) あ　　　　　　い　　　(2) あ　　　　　　　　　　い

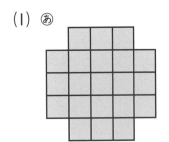
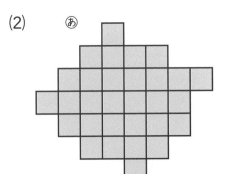

☐　　　　　　　　　　　☐

3 白と くろでは，どちらが ひろいですか。〈10点×2〉

(1)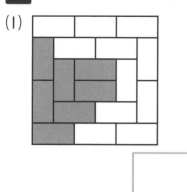

(2)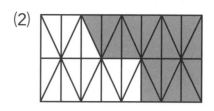

4 くろい ところの ひろい じゅんに きごうを かきなさい。

〈10点〉

⟨あ⟩ 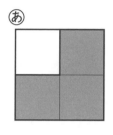　⟨い⟩ 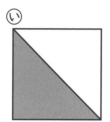　⟨う⟩ 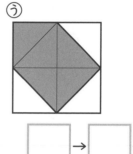　⟨え⟩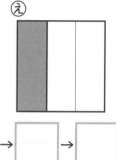

5 じんとりあそびを して います。じゃんけんで かったら，□を 1つ ぬります。ぬった ところが ひろい ほうが かちです。いま，ゆりかさんと ひろとさんは 下の ずのように じんを ぬって います。この あと 7かい じゃんけんを して，ゆりかさんが 4かい かちました。〈10点×2〉

(1) かったのは どちらですか。

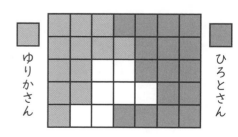

(2) ▨と ▨の ちがいは なんこに なりましたか。

★★★ 最高レベル　　⏱30分　　／100　　答え48ページ

1 じんとりあそびを して います。じゃんけんで かったら，☐ を 1つ ぬります。ぬった ところが ひろい ほうが かちです。いま，あゆむさんと めいさんは 下の ずのように じんを ぬって います。じゃんけんで めいさんが あと なんかい かてば，めいさんの かち が きまりますか。いちばん すくない かずで こたえなさい。〈10点〉

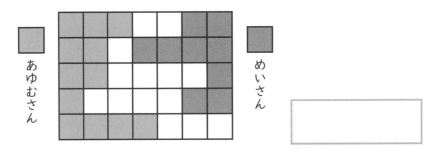

あゆむさん　　めいさん

2 くろい ところの ひろい じゅんに きごうを かきなさい。

〈15点×2〉

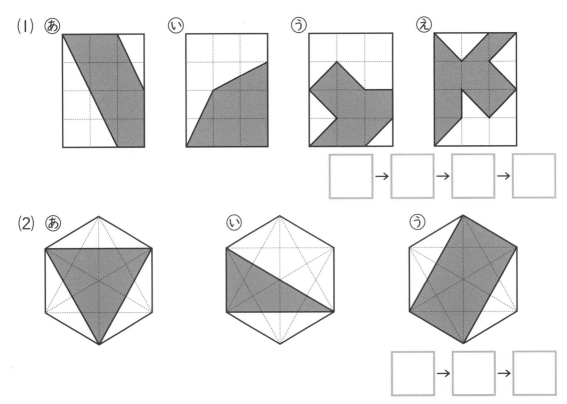

(1) あ　い　う　え

☐ → ☐ → ☐ → ☐

(2) あ　い　う

☐ → ☐ → ☐

3 下の ずを 見て こたえなさい。〈15点×4〉

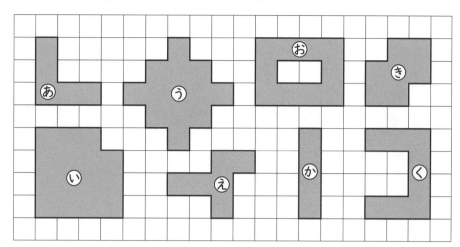

(1) ①の ひろさと おなじ ひろさに なるのは どれと どれを
あわせた ときですか。2とおり こたえなさい。

(2) ③と ⑥の ひろさの ちがいと おなじ ひろさに なるのは
どれですか。

(3) ①と ⑥を あわせた ひろさと おなじ ひろさに なるのは
どれと どれを あわせた ときですか。

(4) ①と ⑥の ひろさの ちがいと おなじ ひろさに なるのは
どれと どれの ちがいですか。2とおり こたえなさい。

復習テスト⑬

🕐 25分　　／100　　答え49ページ

1 ながい　じゅんに　きごうを　かきなさい。〈12点〉

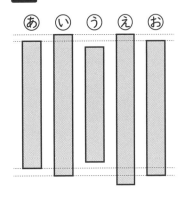

□ → □ → □ → □ → □

2 あわせると　水（みず）が　おおく　入（はい）って　いる　じゅんに　きごうを　かきなさい。〈12点〉

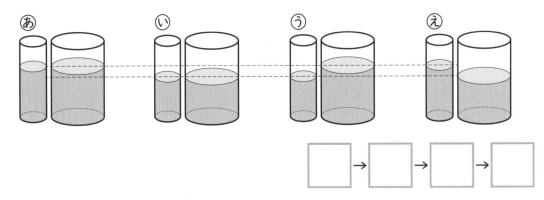

□ → □ → □ → □

3 右（みぎ）の　入（い）れものは　口（くち）の　ひろさが　ぜんぶ　おなじで，そこの　ひろさも　ぜんぶ　おなじです。おおく　入る　じゅんに　きごうを　かきなさい。〈10点〉

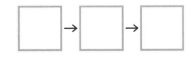

□ → □ → □

4 白と くろでは，どちらが ひろいですか。〈12点×2〉

(1)

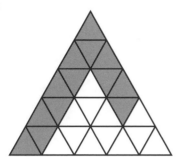

(2)

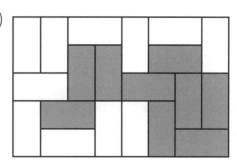

5 下の ずを 見て こたえなさい。〈14点×3〉

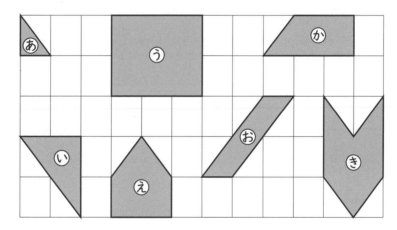

(1) ③は ⑤の なんこぶんの ひろさですか。

(2) ③の はんぶんの ひろさの ものは どれですか。

(3) おなじ ひろさの ものは どれと どれですか。

18　いろいろな　かたち 1

ねらい　平面図形の認識ができるようにする。

★　**標準**レベル　　🕐15分　　／100　　答え**49**ページ

1　おなじ　かたちの　ものは　どれと　どれですか。ぜんぶ　えらびなさい。〈5点×4〉

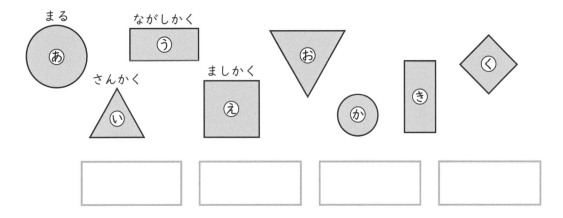

2　下の　つみ木の　そこを　かみに　うつしました。できた　かたちを　せんで　むすびなさい。〈5点×4〉

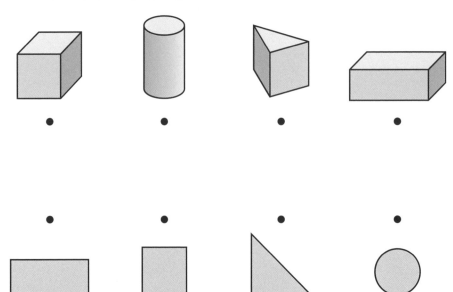

3 ぼうを つかって,いろいろな かたちを つくりました。つかった ぼうは なん本ですか。〈12点×2〉

(1)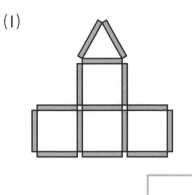

(2)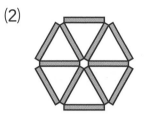

4 ●と ●を せんで つないで,左の かたちと おなじ かたちを かきなさい。〈12点〉

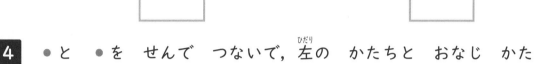

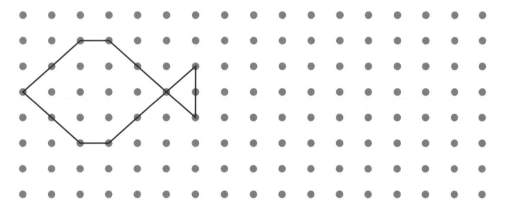

5 下の かたちは ◢ と おなじ 大きさの いろいたを なんまい つかって できますか。〈12点×2〉

(1)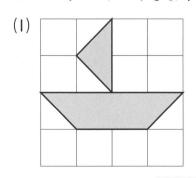

(2)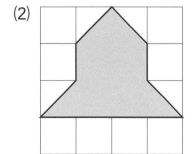

★★　上級レベル　　　　　　　　25分　　　　　／100　　答え50ページ

1 下の　ぼうを　つかって　できる　かたちは　どれですか。

〈10点×4〉

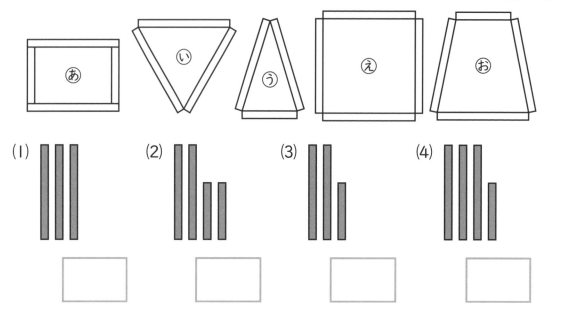

(1)　　　　　(2)　　　　　(3)　　　　　(4)

2 つみ木を　かみの　上に　おいて，そこの　かたちを　うつします。あてはまる　ものを　ぜんぶ　えらびなさい。〈10点×2〉

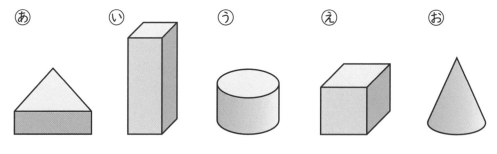

(1)　さんかくが　うつしとれる　もの

(2)　ながしかくが　うつしとれる　もの

3 ㋐と おなじ 大きさの いろいたで 下の かたちを つくり
ます。 いろいたを なんまい つかいますか。〈10点×2〉

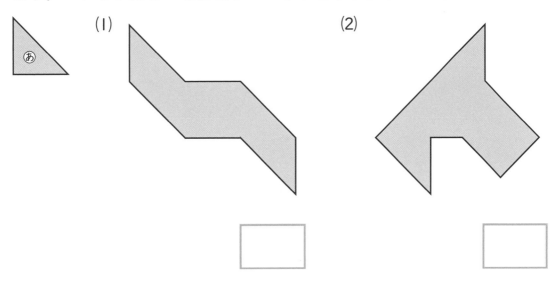

(1)

(2)

4 まわすと ぴったり かさなる かたちは どれと どれですか。
2とおり こたえなさい。〈10点×2〉

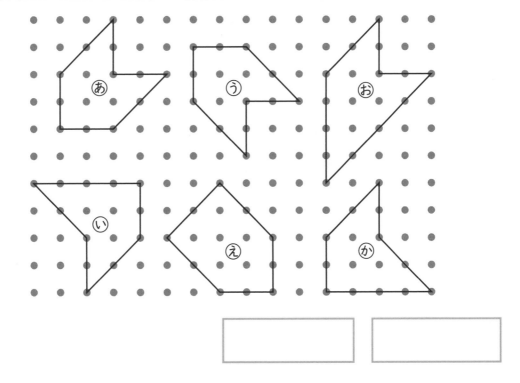

1 左の かたちの ぼうを なん本か うごかして，右のような かたちを つくります。なん本 うごかせば よいですか。いちばん すくない かずで こたえなさい。〈10点×2〉

(1)

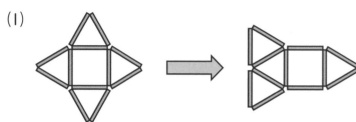

(2)

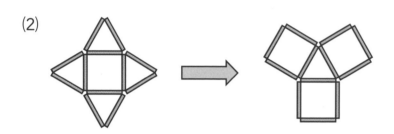

2 □に あてはまる かずを かきなさい。〈10点×2〉

⑧と おなじ 大きさの いろいたを すきまなく ならべて，⑧と おなじ かたちの，大きさが ちがう さんかくを つくる ことが できます。

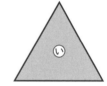

⑩は，⑧の つぎに 小さい さんかくです。

⑩は，①□ まいの いろいたを つかって つくる ことが できます。

その つぎに 小さい さんかくは，②□ まいの いろいたを つかって つくる ことが できます。

3 ぼうを ならべて つぎのように かたちを つくって いきます。〈15点×2〉

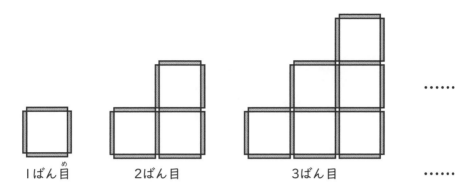

1ばん目　　　　　2ばん目　　　　　　　3ばん目　　……

(1) 4ばん目の かたちには なん本の ぼうを つかいますか。

(2) 6ばん目の かたちに つかう ぼうは, 5ばん目の かたちに つかう ぼうより なん本 おおいですか。

4 ●と ●を せんで つないで
ましかくを つくりました。〈15点×2〉

(1) ⓘは ⓐの なんこぶんの ひろさで すか。

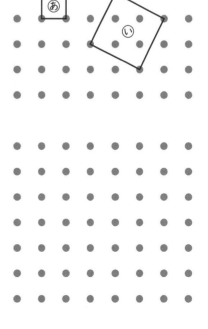

(2) ⓐの 10こぶんの ひろさの ましか くを 1つ かきなさい。

19 いろいろな かたち 2

ねらい 空間図形の認識ができるようにする。

★ 標準レベル　　　15分　　／100　　答え 51 ページ

1 かべに そって つみ木を つんで かたちを つくりました。つみ木は なんこ ありますか。〈10点×2〉

(1)

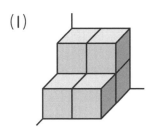

(2)

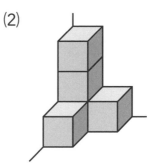

2 かべに そって つみ木を つんで 右の かたちを つくりました。つぎの ほうこうから 見た ときの かたちは どれですか。〈10点×3〉

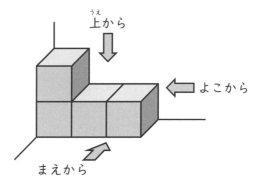

上から
よこから
まえから

あ 　　い 　　う 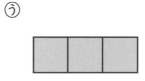　　え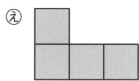

(1) よこから 見た とき

(2) まえから 見た とき

(3) 上から 見た とき

3 さいころは むかいあう めんの
目の かずを たすと ぜんぶ 7に な
ります。 右の さいころを ㋐, ㋑, ㋒
の ほうこうから 見た とき, 目の か
ずは いくつですか。〈10点×3〉

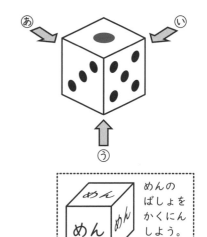

㋐ [　　　]　　㋑ [　　　]　　㋒ [　　　]

めんの
ばしょを
かくにん
しよう。

4 さいころの かたちを つくる ことが できるのは どれです
か。2つ えらびなさい。〈10点×2〉

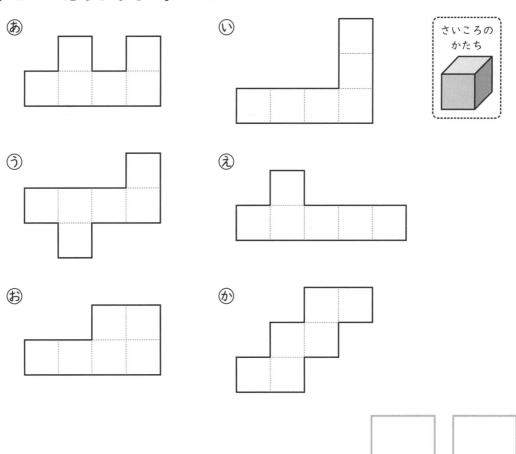

㋐　㋑

さいころの
かたち

㋒　㋔

㋕　㋖

[　　　] [　　　]

★★　**上級レベル**　　　　　⏱25分　　　／100　　答え52ページ

1　かべに　そって　つみ木を　つんで　かたちを　つくりました。
つみ木は　なんこ　ありますか。〈10点×2〉

(1)

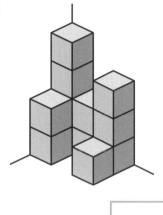

(2)

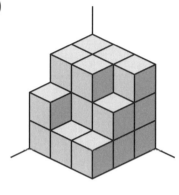

2　かべに　そって　つみ木を　つん
で　右の　かたちを　つくりました。

〈10点×3〉

(1) つみ木は　なんこ　ありますか。

上から
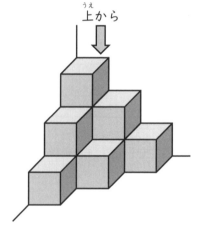

(2) 上から　見た　とき，かくれて　見
えない　つみ木は　なんこ　ありますか。

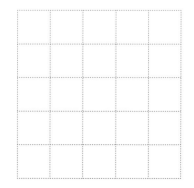

(3) 上から　見た　ときの　かたちを　かき
なさい。

3 さいころを ひろげました。あ，い，うの 目の かずは いくつですか。〈15点×2〉

(1)

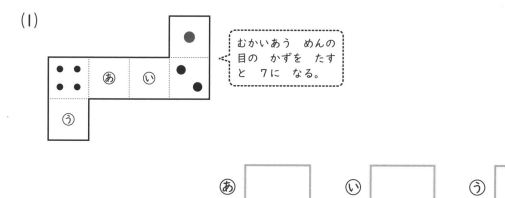

むかいあう めんの 目の かずを たすと 7に なる。

あ ☐　　い ☐　　う ☐

(2)

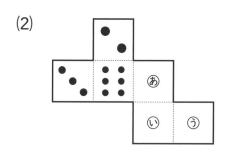

あ ☐　　い ☐　　う ☐

4 下の ずのような あから おの マスが あります。マスは **3** の さいころの めんと おなじ 大きさです。さいころを あの 上に おいてから あ→い→う→え→おの じゅんに ころがします。さいころが おの マスに きた ときに 上の めんの 目の かずは いくつに なりますか。〈20点〉

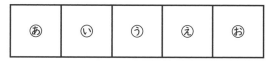

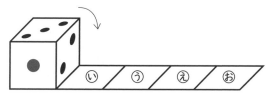

☐

1 かべに　そって　つみ木を　つんで　右の　かたちを　つくりました。つぎの　ほうこうから　見た　ときの　かたちを　かきなさい。〈15点×3〉

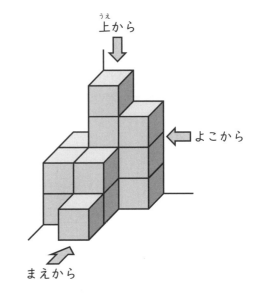

上から

よこから

まえから

(1) よこから　見た　とき

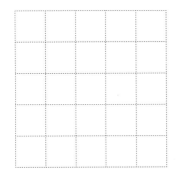

(2) まえから　見た　とき

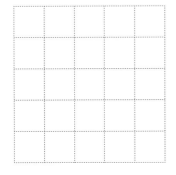

(3) 上から　見たとき

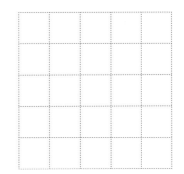

2 かべに　そって　つみ木を　つんで　右の　かたちを　つくりました。どの　ほうこうから　見ても，見えない　つみ木は　なんこ　ありますか。（下からは　見えません。）〈15点〉

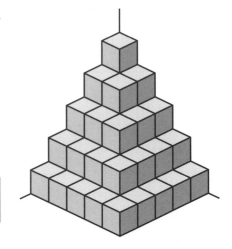

3 下の ずのような あから おの マスが あります。マスは さいころの めんと おなじ 大きさです。さいころを あの 上に おいてから あ→い→う→え→おの じゅんに ころがします。さいこ ろの 上の めんの 目の かずは いくつに なりますか。〈20点〉

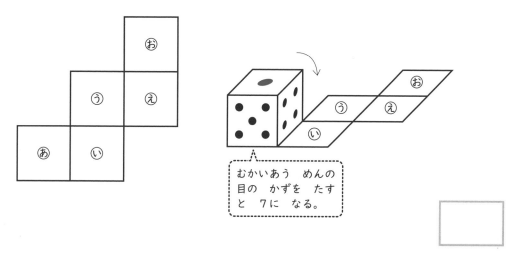

むかいあう めんの 目の かずを たす と 7に なる。

4 さいころの かたちの 6つの めんに もようが かいて あ ります。下の ずは この さいころの おきかたを いろいろ かえ て 見た ものです。

この さいころの かたちを ひろげます。

あいて いる ところに もようを かきなさい。もようは むきも 正しく かきなさい。〈5点×4〉

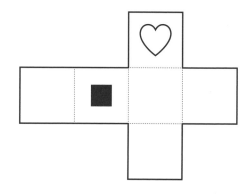

復習テスト⑭

⏱ 25分　　／100　　答え53ページ

1　⑧と　おなじ　大きさの　いろいたを　つかって　かたちを　つくりました。5まい　つかった　かたちは　どれですか。すべて　えらびなさい。〈20点〉

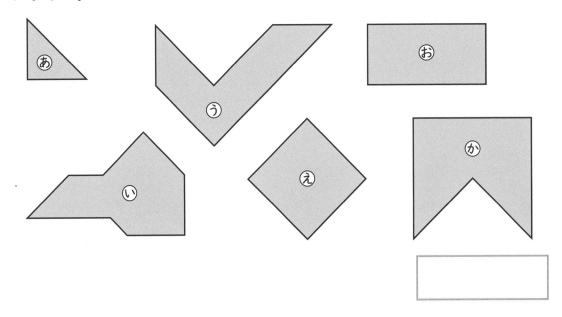

2　左の　かたちの　ぼうを　2本　うごかして，右のような　かたちを　つくりました。左の　かたちで　うごかした　ぼうに　◯を　つけなさい。〈15点×2〉

(1)

(2)

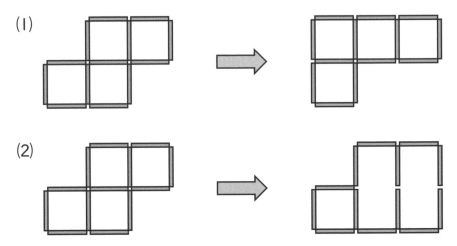

3 かべに そって つみ木を
つんで 右の かたちを つくりま
した。〈15点×2〉

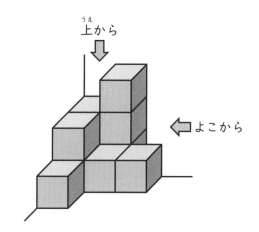

(1) 上から 見た ときの かたち
は どれですか。

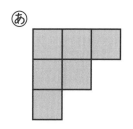 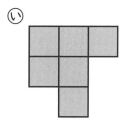 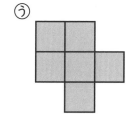 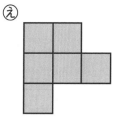

(2) よこから 見た ときの かたちを
かきなさい。

4 左の さいころを ひろげると, 右の ずのように なります。
さいころの あの めんの 目の かずは いくつですか。〈20点〉

 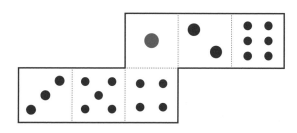

思考力問題にチャレンジ②

⏱ 30分　　／100　答え54ページ

1　ご石を　ます目に　そって，めいれいどおりに　うごかします。

〈25点 × 4〉

(1) ご石が　うごいた　みちの　つづきを　やじるしで　ずに　かき入れなさい。

┌─〈めいれい〉─────────┐
　1〜4の　じゅんで
　うごかします。
　1　↑へ　4目もり　うごく。
　2　→へ　3目もり　うごく。
　3　↓へ　4目もり　うごく。
　4　←へ　3目もり　うごく。
└───────────────┘

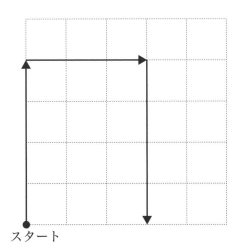

スタート

(2) ご石が　うごいた　みちを　やじるしで　ずに　かき入れなさい。

┌─〈めいれい〉─────────┐
　1〜6の　じゅんで
　うごかします。
　1　→へ　4目もり　うごく。
　2　↑へ　2目もり　うごく。
　3　←へ　1目もり　うごく。
　4　↑へ　2目もり　うごく。
　5　←へ　3目もり　うごく。
　6　↓へ　4目もり　うごく。
└───────────────┘

スタート

(3) スタートから しゅっぱつして, スタートに もどる めいれいを
かんがえます。（　）に あてはまる やじるしを, □に あてはま
る かずを かきなさい。

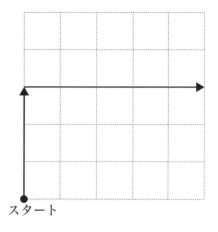

〈めいれい〉

1〜4の じゅんで うごかします。

1　↑へ　3目もり　うごく。

2　→へ　5目もり　うごく。

3　↓へ　□目もり　うごく。

4　（　）へ　□目もり　うごく。

スタート

(4) スタートから しゅっぱつして, ご石が うごいた みちで まし
かくが できるような めいれいを かんがえます。（　）に あて
はまる やじるしを, □に あてはまる かずを かきなさい。

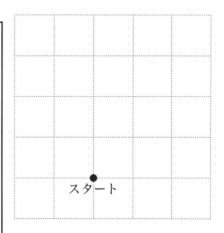

〈めいれい〉

1〜5の じゅんで うごかします。

1　→へ　3目もり　うごく。

2　↑へ　4目もり　うごく。

3　←へ　4目もり　うごく。

4　（　）へ　□目もり　うごく。

5　（　）へ　□目もり　うごく。

スタート

20 いろいろな もんだい1

ねらい □のある式で，□にあてはまる数の求め方がわかる。

★ 標準レベル ⏱20分 　　／100 答え55ページ

1 □に あてはまる かずを かきなさい。〈3点×8〉

(1) $3 + \boxed{} = 8$ 　　(2) $5 + \boxed{} = 9$

(3) $\boxed{} + 6 = 10$ 　　(4) $\boxed{} + 2 = 8$

(5) $7 + \boxed{} = 9$ 　　(6) $\boxed{} + 3 = 6$

(7) $\boxed{} + 4 = 10$ 　　(8) $\boxed{} + 8 = 10$

2 □に あてはまる かずを かきなさい。〈3点×10〉

(1) $5 - \boxed{} = 3$ 　　(2) $4 - \boxed{} = 3$

(3) $\boxed{} - 1 = 5$ 　　(4) $\boxed{} - 4 = 5$

(5) $8 - \boxed{} = 6$ 　　(6) $\boxed{} - 5 = 3$

(7) $10 - \boxed{} = 1$ 　　(8) $\boxed{} - 7 = 2$

(9) $\boxed{} - 4 = 4$ 　　(10) $\boxed{} - 3 = 6$

3 ○に あう ＋か －の きごうを かきなさい。〈2点×8〉

(1) 1 ◯ 2 = 3

(2) 2 ◯ 3 = 5

(3) 5 ◯ 5 = 10

(4) 6 ◯ 6 = 0

(5) 7 ◯ 1 = 6

(6) 8 ◯ 2 = 10

(7) 9 ◯ 2 = 7

(8) 4 ◯ 2 = 2

4 となりどうしの 2つの かずを たした こたえを 上の マスに かきます。□に あてはまる かずを かきなさい。〈6点×5〉

(1)

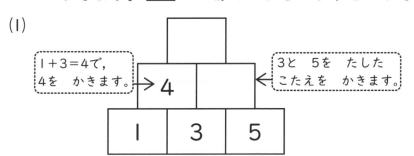

1＋3＝4で、4を かきます。

3と 5を たした こたえを かきます。

(2)

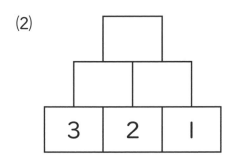

(3)

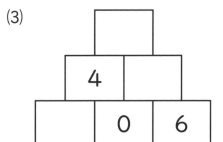

(4)

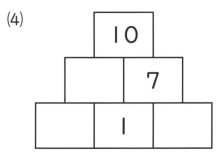

(5)

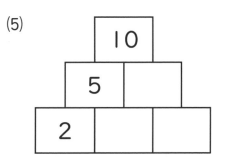

★★　上級レベル　　⏱25分　　／100　答え55ページ

1 □に あう かずを かきなさい。〈3点×8〉

(1) $10 + \boxed{} = 15$　　(2) $8 + \boxed{} = 18$

(3) $12 + \boxed{} = 18$　　(4) $\boxed{} + 10 = 19$

(5) $17 - \boxed{} = 10$　　(6) $16 - \boxed{} = 6$

(7) $\boxed{} - 10 = 3$　　(8) $\boxed{} - 5 = 10$

2 □に あう かずを かきなさい。〈3点×8〉

(1) $20 + \boxed{} = 30$　　(2) $30 + \boxed{} = 36$

(3) $\boxed{} + 4 = 54$　　(4) $60 + \boxed{} = 100$

(5) $50 - \boxed{} = 20$　　(6) $89 - \boxed{} = 80$

(7) $66 - \boxed{} = 6$　　(8) $100 - \boxed{} = 10$

3 □に あう かずを かきなさい。〈4点×4〉

(1) $2 + 3 + \boxed{} = 10$　　(2) $10 + 5 - \boxed{} = 12$

(3) $10 - 7 + \boxed{} = 5$　　(4) $16 + 3 - \boxed{} = 9$

4 たて，よこ，ななめの 3つの かずを たすと，どこも こたえが 15に なるように します。あいて いる ところに あう かずを かきなさい。〈6点×4〉

(1)

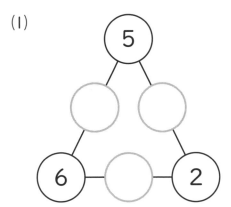

(2)

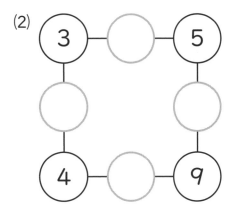

(3)

6	1	
	5	3
2		

(4)

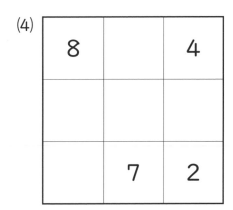

5 おなじ きごうには おなじ かずが かくれて います。かくれた かずは いくつですか。〈6点×2〉

(1)

$5 + ● = 6$
$5 - ● = 4$

●に かくれた かずは ☐

(2)

$3 + ▲ = 5$
$8 + ▲ = 10$

▲に かくれた かずは ☐

★★★ 最高レベル　　　🕐30分　　／100　　答え56ページ

1 □ ＋ 5 ＝ 13 の □に あてはまる かずを 見つけます。〈5点〉

□より 5 大きい かずが 13 です。

□は 13 より 5 小さい かずです。

□に あてはまる かずは ①□ です。

↑ 13－5で もとめられます。

②□ ＋ 5 ＝ 13

2 □に あてはまる かずを かきなさい。〈10点×2〉

(1) □ ＋ 4 ＝ 13　　　　(2) □ ＋ 8 ＝ 11

3 9 ＋ □ ＝ 12 の □に あてはまる かずを 見つけます。〈5点〉

9より ①□ 大きい かずは 12 です。

9 ＋ ②□ ＝ 12

4 □に あてはまる かずを かきなさい。〈10点×2〉

(1) 8 ＋ □ ＝ 15　　　　(2) 6 ＋ □ ＝ 14

5 □－3＝9の □に あてはまる かずを 見つけます。〈5点〉

□より 3 小さい かずが 9 です。

□は 9より 3 大きい かずです。

□に あてはまる かずは　①□　です。

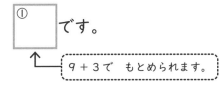

9＋3で もとめられます。

②□ － 3 ＝ 9

6 □に あてはまる かずを かきなさい。〈10点×2〉

(1) □ － 5 ＝ 7

(2) □ － 7 ＝ 8

7 12 － □ ＝ 8の □に あてはまる かずを 見つけます。〈5点〉

12より　①□　小さい かずは 8です。

12 － ②□ ＝ 8

8 □に あてはまる かずを かきなさい。〈10点×2〉

(1) 11 － □ ＝ 9

(2) 15 － □ ＝ 6

21 いろいろな　もんだい2

ねらい▶ 場面を，〇を使った図やテープの図にかいて考えられる。

★ 標準レベル　　⏱20分　　　　　/100　　答え57ページ

1 赤い　花が　10本　さいて　います。白い　花は　赤い　花より　4本　おおく　さいて　います。白い　花は　なん本　さいて　いますか。〈10点×2〉

(1) ずの　□に　あてはまる　かずを　かきなさい。

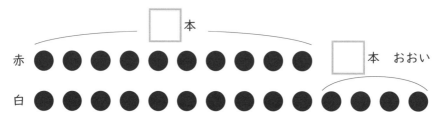

(2) しきと　こたえを　かきなさい。

（しき）

2 みかんが　10こ　あります。りんごは　みかんより　3こ　すくないそうです。りんごは　なんこ　ありますか。〈10点×2〉

(1) ずの　□に　あてはまる　かずを　かきなさい。

（図）
```
          □ こ
みかん  ○ ○ ○ ○ ○ ○ ○ ○ ○ ○
りんご  ○ ○ ○ ○ ○ ○ ○ ⦿ ⦿ ⦿
                      □ こ　すくない
```

(2) しきと　こたえを　かきなさい。

（しき）

3 カルタとりを しました。みきさんは 9まい とりました。ま
おさんは みきさんより 5まい おおく とりました。まおさんは
なんまい とりましたか。〈図10点, 式と答え10点〉

（ず）

（しき）

4 あめが 12こ あります。ガムは あめより 4こ すくないそ
うです。ガムは なんこ ありますか。〈図10点, 式と答え10点〉

（ず）

（しき）

5 犬が 11ぴき います。ねこは 犬より 2ひき おおいそうで
す。ねこは なんびき いますか。〈図10点, 式と答え10点〉

（ず）

（しき）

★★　上級レベル　　🕐 25分　　／100　　答え57ページ

1 はじめに 子どもが なん人か いました。そこへ 5人 きたので，12人に なりました。子どもは はじめ なん人 いましたか。

〈10点×2〉

(1) ずの □に あてはまる かずを かきなさい。

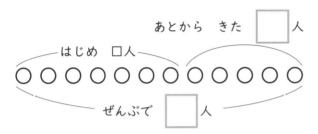

あとから きた □人

はじめ □人

ぜんぶで □人

(2) しきと こたえを かきなさい。

（しき）

2 はじめに いちごが なんこか ありました。そのうち 6こ たべたので，のこりが 10こに なりました。いちごは はじめ なんこ ありましたか。〈10点×2〉

(1) ずの □に あてはまる かずを かきなさい。

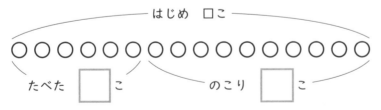

はじめ □こ

たべた □こ　　のこり □こ

(2) しきと こたえを かきなさい。

（しき）

3 れんさんは シールを 15まい もって いました。まなさんに なんまいか あげたので，9まいに なりました。なんまい あげましたか。〈図15点，式と答え15点〉

（ず）

（しき）

4 車が 11だい とまって いました。あとから なんだいか きたので，16だいに なりました。あとから きた 車は なんだいですか。〈図15点，式と答え15点〉

（ず）

（しき）

★★★ 最高レベル　　　　　　　　⏱30分　　　　　　/100　　答え58ページ

1　プリンが 20こ あります。ゼリーは プリンより 8こ おおいそうです。ゼリーは なんこ ありますか。〈12点×2〉

(1) ずの □に あてはまる かずを かきなさい。

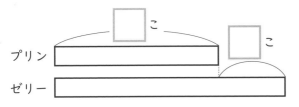

プリン

ゼリー

> 158ページ**1**と おなじ ばめんの もんだいです。2本の テープの ずに かいて かんがえます。

(2) しきと こたえを かきなさい。

（しき）

2　はじめに かえるが なんびきか いました。そこへ 4ひき きたので，16ぴきに なりました。かえるは はじめ なんびき いましたか。〈12点×2〉

(1) ずの □に あてはまる かずを かきなさい。

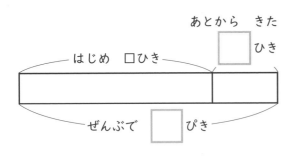

あとから きた □ひき

はじめ □ひき

ぜんぶで □ぴき

> 160ページ**1**と おなじ ばめんの もんだいです。1本の テープを 2つに わけた ずで かんがえます。

(2) しきと こたえを かきなさい。

（しき）

3 青，みどり，白の　カードが　あります。青は　24まい　あります。みどりは　青より　8まい　すくなく，白は　青より　9まい　おおいです。みどりと　白は　なんまい　ありますか。〈12点×2〉

(1) ずの　□に　あてはまる　かずを　かきなさい。

```
           ┌────── 24まい ──────┐
  青  │                        │
           ┌─────┐
  みどり │            │ □ まい
           └─────┘  ┌─────┐
  白  │                      │ □ まい └─────┘
```

(2) しきと　こたえを　かきなさい。
　　（しき）

　　　　　　みどり…[　　　　　] ，白…[　　　　　]

4 さくらさんは　9さいです。おねえさんは　さくらさんより　8さい　年上で，おにいさんは　おねえさんより　3さい　年下です。おねえさんと　おにいさんは　なんさいですか。〈図14点，式と答え14点〉
（ず）

（しき）

　　　　おねえさん…[　　　　　] ，おにいさん…[　　　　　]

22 いろいろな もんだい3

ねらい 絵や話にかくされたヒントから，正しい事柄を見つけ出せる。

★ **標準レベル** 　　　🕐 **20**分 　　／100 　答え **59**ページ

1 としょしつに，1かんから 25かんまで そろった ずかんが ありました。そのうち なんさつかが かし出されて，いま としょしつに ありません。かし出されて いる ずかんの ばんごうを すべて かきなさい。〈20点〉

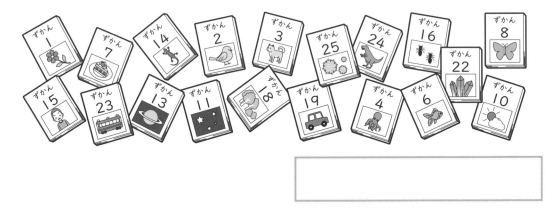

2 下の えを 見て，おもい じゅんに なまえを かきなさい。

〈15点×2〉

(1)　ミケ　タマ　ミケ　クロ

おもい □ → □ → □ かるい

(2)　シロ　ショコラ　チャオ　シロ　ショコラ

おもい □ → □ → □ かるい

3 6まいの ゼッケンが あります。そのうち 1まいが よごれ
て すう字が 見えなく なって しまいました。

| 60 | 28 | 17 | 71 | 54 | ■ |

下の おはなしを よんで，見えなく なった ゼッケンの すう字
を こたえなさい。〈20点〉

> ・ どの ゼッケンの すう字も，10より 大きくて 100より
>   小さい かずです。
> ・ 一のくらいの すう字が 7の ゼッケンは 2まい あります。
> ・ 一のくらいの すう字と 十のくらいの すう字を たすと 9
>   に なる ゼッケンは 2まい あります。

見えなく なった ゼッケンの すう字は ▢

4 トランプが 8まい ならんで います。この 中から なつみ
さんと かなさんが カードを 1まいずつ えらびます。〈15点×2〉

左 | ♥3 | ♠5 | ♦9 | ♥8 | ♥7 | ♠4 | ♠8 | ♣6 | 右

(1) なつみさんの えらんだ カードの 左どなりに ある カードは，
の マークが かかれて います。なつみさんの カードは
の マークでは ありません。なつみさんの カードの マー
クと すう字を かきなさい。

マーク… ▢ ，すう字… ▢

(2) かなさんの えらんだ カードの すう字と となりの カードの
すう字を たすと 14に なります。かなさんの カードは ♠ で
も ♣でも ありません。かなさんの えらんだ カードの マー
クと すう字を かきなさい。

マーク… ▢ ，すう字… ▢

★★　上級レベル　　🕐25分　　／100　　答え59ページ

1　ゲームたいかいを　しました。とくてんが　見えなく　なって
いる　ところが　あります。もんだいに　こたえなさい。〈10点×6〉

(1) ①　どちらの　くみが　かちましたか。

□ くみ

1くみ	2くみ
1 0 9	1 1

②　そう　かんがえた　わけを　かきなさい。

(2) ①　どちらの　くみが　かちましたか。

□くみ

3くみ	4くみ
1 0 2	1 8

②　そう　かんがえた　わけを　かきなさい。

(3) ①　5くみが　かった　ときの　5くみの
とくてんの　一のくらいの　すう字は
いくつですか。かんがえられる　すう字
を　すべて　かきなさい。

5くみ	6くみ
7 ●	7 5

②　5くみが　まけた　ときの　5くみの　とくてんの　一のくら
いの　すう字は　いくつですか。かんがえられる　すう字を　す
べて　かきなさい。

2 つぎの 文を よんで，もんだいに こたえなさい。〈10点×3〉

(1) まおさんの 学校の 1年生の 人ずうは，3年生より おおく，2年生より すくないです。人ずうの おおい じゅんに ならべなさい。

| |年生→| |年生→| |年生

(2) いちごがりを しました。ゆめさんが 手に 入れた いちごは あおいさんより すくなかったです。そうたさんは ゆめさんより すくなかったそうです。手に 入れた いちごが おおい じゅんに ならべなさい。

| |さん→| |さん→| |さん

(3) おはじきとりを しました。れんさんが とった おはじきは ゆうとさんより 7こ すくなく，ゆうとさんは まやさんより 12こ おおかったそうです。とった おはじきが おおい じゅんに ならべなさい。

| |さん→| |さん→| |さん

3 いえを 出てから ゆうえんちに つくまでに 見た とけいです。見た じゅんばんどおりに なって いません。

いえを 出た　　でん車に のって いる　　ゆうえんちに ついた　　バスに のって いる

つぎの 文で，正しい ものに ○を，まちがって いる ものに ×を かきなさい。〈5点×2〉

(1) でん車を おりてから バスに のりました。（　　）

(2) 11じには，まだ ゆうえんちに ついて いませんでした。（　　）

★★★ 最高レベル　　⏱30分　　／100　　答え60ページ

1 みくりさんたち 3人で わなげを しました。下の ひょうは その けっかです。はるかさんの 10かい目の きろくが 見えなく なって います。〈10点×6〉

みくり	○	○	×	○	○	×	○	×	○	○
わかな	○	×	○	×	×	○	○	×	×	○
はるか	×	○	×	○	×	○	×	○	○	■

○…入った　×…入らなかった

(1) この ひょうから わかる ことで，正しい ものに ○を，まちがって いる ものに ×を，この ひょうだけでは わからない ことに △を かきなさい。

① いちばん おおく 入ったのは みくりさんです。　（　　）

② わかなさんの，入った かずと 入らなかった かずは おなじです。　（　　）

③ はるかさんは，わかなさんより おおく 入りました。　（　　）

(2) 1かい 入ると 10てんに します。入らなかった ときは 0てんに します。

① 10かい ぜんぶ 入ると，ぜんぶで なんてんに なりますか。

□てん

② みくりさんの 10かいの とくてんを ぜんぶ あわせると なんてんですか。

□てん

③ はるかさんの 10かいの とくてんを ぜんぶ あわせると 60てんでした。はるかさんの 10かいめの けっかは どうでしたか。　（ 入った ・ 入らなかった ）

2 さいふに 入って いる お金で かいものを しました。
おはなしを よんで もんだいに こたえなさい。〈⑴5点, ⑵⑶7点×5〉

・ みちるさんは さいふに 10円玉を 9まい 入れて みせに
いって, 60円の パンを かいました。

・ かいとさんは さいふに 50円玉を 1まいと 10円玉を 5
まいと 5円玉を 1まい 入れて みせに いって, 95円の
ジュースを かい, もって いる お金の うち 1まいだけ
のこして お金を はらい, おつりを もらいました。

・ りょうさんは さいふに 100円玉 1まいと 10円玉 1ま
いを 入れて みせに いって, 90円の ぎゅうにゅうを かい
ました。その とき, 100円玉を 出して, おつりを 10円玉
で もらい, さいふに 入れました。

⑴ みせに いく まえの さいふの えです。
だれの さいふですか。なまえを かきな
さい。

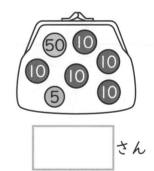

┌─────────┐
│   │さん
└─────────┘

⑵ みせに いく まえに さいふに 入って いた おかねは なん
円でしたか。

みちるさん… ▢ 円, かいとさん… ▢ 円, りょうさん… ▢ 円

⑶ かいものが おわった あとの さいふの えを かんせいしなさい。

23 いろいろな もんだい 4

ねらい 記号や数の並び方のきまりを見つけ、予想することができる。

★ **標準**レベル ⏱ 20分 ／100 答え61ページ

1 きごうの ならびかたに きまりが あります。あいて いる ところに あう きごうを かきなさい。〈5点×3〉

(1)

| ◯ | △ | △ | ◯ | △ | △ | ◯ | △ | | ◯ |

(2)

| □ | ◯ | ☆ | □ | □ | ◯ | ☆ | | ◯ | ☆ |

(3)

| ◯ | ● | ◯ | ● | ● | ◯ | ● | ◯ | ● | ● | |

2 ◯と ● の ならびかたに きまりが あります。〈8点×3〉

左 ◯◯◯●●◯◯◯●●◯◯◯●● … 右

(1) どんな ならびかたの きまりですか。( ) に あう きごうを、□に あう かずを かきなさい。

(①) が ② □ こ つづいた あとに (③) が ④ □ こ

ならぶ ことが くりかえされます。

(2) 左から 18ばん目の きごうを かきなさい。 ( )

(3) 左から 30ばん目の きごうを かきなさい。 ( )

3 ならびかたに きまりが あります。あいて いる ところに あう もようを かきなさい。〈9点×5〉

4 左から かたちを 入れると，右から きまった ルールで かたちが かわって 出て くる ふしぎな はこが あります。ずの ？に あてはまるのは あ〜うの どれですか。正しい ものに ○を かきなさい。〈8点×2〉

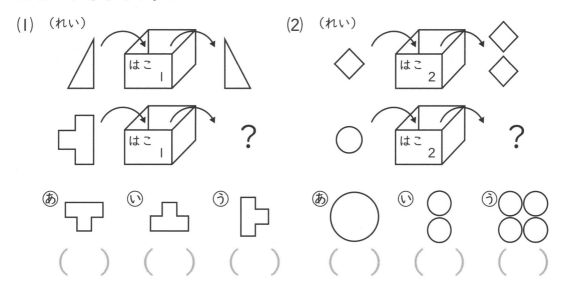

★★ 上級レベル　　🕐 25分　　／100　　答え 61 ページ

1 すう字の　ならびかたに　きまりが　あります。あいて　いる
ところに　あう　すう字を　かきなさい。〈8点×3〉

(1) 1　2　1　2　1　2　1　2　☐　　2

(2) 1　2　3　2　1　2　3　2　1　2　☐

(3) 1　0　1　1　0　1　0　1　1　0　1　☐

2 すう字カードを　入れると，きまった　ルールで　すう字が　か
わって　出て　くる　ふしぎな　はこが　あります。〈9点×3〉

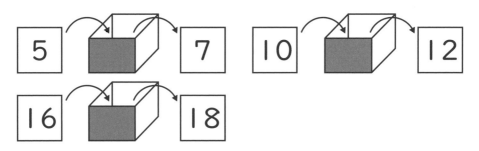

(1) すう字が　どのように　かわるか　かんがえます。☐に　あう　か
　　ずを　かきなさい。

〈ルール〉──────────────────

　入れた　カードの　すう字より　☐　だけ　大きい　すう字が
　出て　きます。

(2) ☐に　あてはまる　かずを　かきなさい。

①　13　→　☐　　　　②　☐　→　11

3 すう字カードを 入れると, きまった ルールで すう字が か
わって 出て くる ふしぎな はこが あります。〈9点×3〉

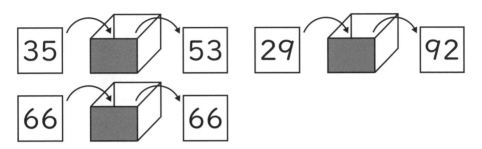

(1) すう字が どのように かわりますか。ルールを かんがえて か
きなさい。

〈ルール〉

(2) □に あてはまる かずを かきなさい。

4 かずの ならびかたに きまりが あります。〈11点×2〉

(1) すう字は どのように ならんで いますか。

(2) □に あう かずを かいて, ( ) には あてはまる ほうに ○
を つけなさい。

一（いち）のくらいの すう字は ① □ か ② □ です。だから 78 は

この かずの れつに （ 入（はい）ります ・ 入りません ）。

★★★ 最高レベル　　　　　⏱30分　　　　／100　　答え62ページ

1 ビー玉を 入れると, きまった ルールで ビー玉が 出て くる ふしぎな はこが あります。〔 〕に ビー玉の かずだけ ○を かきなさい。〈5点×4〉

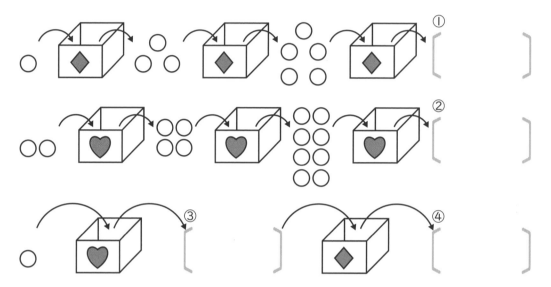

2 きごうが ある きまりで ならんで います。〈5点×4〉

左 ○ ◎ △ □ ☆ ○ ◎ △ □ ☆ ○ ◎ ・・・ 右

(1) この きまりで きごうを ならべる とき, 左から 13ばん目 の きごうを かきなさい。

(2) 左から 20ばん目の きごうを かきなさい。

(3) 5かいめの ☆が 出て くるのは 左から なんばん目ですか。

 ばん目

(4) 左から 30ばん目まで きごうを ならべると,
　　○は なんこ 出て きますか。

　　　　こ

3 ある 月の カレンダーです。すう字が きえて いる ところが あります。〈5点×6〉

日	月	火	水	木	金	土
/	/	/	1	2	3	4
5	6	7	あ			11
		い	う	え		
		21	22	23	24	25
26	27	28	29	30	31	/

(1) あ～えに あてはまる かずを かきなさい。

あ ☐   い ☐   う ☐   え ☐

(2) すう字の ならびかたに どのような きまりが ありますか。☐ に あてはまる かずを かきなさい。

① 左から 右へ ☐ ずつ 大きく なって います。

② 上から 下へ ☐ ずつ 大きく なって います。

4 右の ひょうは ある きまりで すう字が ならんで います。〈10点×3〉

(1) あの よこの すう字の ならびかたの きまりを かきなさい。

い									
1	2	3	4	5	6	7	8	9	10
2	4	6	8	10	12	14	16	18	20
3	6	9	12	15	18			27	30
4	8	12	16	20	24			36	
5	10	15	20					45	
6	12		24					54	
7	14							63	
8	16	24	32	40	48	56	64	72	
9	18	27	36	45	54	63	72	81	
10	20	30							う

(あは 5 の行、うは 10 の行の右端)

☐

(2) いの たての すう字の ならびかたの きまりを かきなさい。

☐

(3) うに あてはまる かずを かきなさい。

☐

24 いろいろな もんだい5

ねらい いろいろな場合を順序よく考えられる。

★ **標準**レベル　　🕐 **20分**　　／100　　答え **63**ページ

1 1から 12までの 12まいの すう字カードが あります。

〈(1)10点, (2)5点×5〉

(1) 2まいの かずを あわせると 13に なるように せんで むすびなさい。

| 1 | 4 | 11 | 5 | 3 | 7 |

| 10 | 2 | 9 | 6 | 12 | 8 |

(2) たした かずが 13に なる カードの くみあわせは 6くみ あります。この くみあわせを すべて かきなさい。

(1 と 12) （　と　）（　と　）

（　と　）（　と　）（　と　）

> (1と12) と
> (12と1) は
> おなじことです。

2 1から 6までの 6まいの すう字カードが あります。

| 1 | 2 | 3 | 4 | 5 | 6 |

　2まいの かずを あわせると 7に なるような カードの くみあわせを すべて かきなさい。〈9点〉

3 1, 3, 5 の 3まいの すう字カードの うち 2まいを ならべて, 10より 大きい かずを つくります。〈10点×2〉

十のくらい	一のくらい

(1) 十のくらいが 1の かずは なにが できますか。すべて かきなさい。

（　　　　　　　　　　　　　　　）

(2) できる かずは ぜんぶで 6とおり あります。できる かずを すべて, 小さい じゅんに かきなさい。

（　　　　　　　　　　　　　　　　　　　　　　　　　）

4 6この あめを ゆなさんと りくさんで のこらないように わけます。〈12点×3, (1)は完答〉

(1) どんな わけかたが ありますか。□に あてはまる かずを かきなさい。（1こは かならず もらえるように わけます。）

（ゆなさん 1こ, りくさん 5こ）, （ゆなさん 2こ, りくさん □こ）

（ゆなさん □こ, りくさん 3こ）, （ゆなさん □こ, りくさん □こ）

（ゆなさん □こ, りくさん □こ）

(2) わけかたは なんとおり ありましたか。

□とおり

(3) あめが もう 1こ ふえて, 7こに なりました。7この あめを 2人で, のこらないように 1こは かならず もらえるように わけます。わけかたは なんとおり ありますか。

□とおり

★★　上級レベル　　　25分　　　／100　答え63ページ

1　1から　9までの　9まいの　すう字カードが　あります。

1　2　3　4　5　6　7　8　9　　〈10点×2〉

(1) 2まいの　カードの　かずの　ちがいが　3に　なる　カードの
くみあわせを　すべて　かきなさい。

(2) 2まいの　カードの　かずを　たすと，こたえが　10より　大きく
なる　カードの　くみあわせを　すべて　かきなさい。

2　0, 2, 4, 6, 8の　すう字カードの　うち　2まい
を　ならべて，10より　大きい　かずを　つくります。〈10点×4〉

(1) 一のくらいが　0の　かずを　小さい　じゅんに　すべて　かきな
さい。

(2) できる　かずを　小さい　じゅんに　すべて　かきなさい。

(3) 25より　大きく　65より　小さい　かずは　なんとおり　できま
すか。

□とおり

(4) 十のくらいの　すう字が　一のくらいの　すう字より　4　大きい
かずは　なんとおり　できますか。

□とおり

3 れなさん，もかさん，あみさんの 3人が よこに ならんで しゃしんを とります。ならびかたは ぜんぶで 6とおり あります。

□に なまえを かきなさい。〈4点×5〉

れなさん　もかさん　あみさん

左　　　　　　まん中　　　　右

① （れなさん　→　もかさん　→　あみさん）

② （れなさん　→　あみさん　→　□さん）

③ （もかさん　→　□さん　→　あみさん）

④ （もかさん　→　□さん　→　れなさん）

⑤ （あみさん　→　れなさん　→　□さん）

⑥ （□さん　→　□さん　→　□さん）

4 ぶどう，いちご，メロン，ももの 4つの あじの ゼリーが あります。4つの うち 2つを えらんで はこに 入れます。はこに 入れる あじの くみあわせは ぜんぶで 6とおり あります。

□に ことばを かきなさい。〈5点×4〉

ぶどう　いちご　メロン　もも

① （ぶどう － いちご）　　　② （ぶどう － メロン）

③ （ぶどう － □）　　　　　④ （いちご － □）

⑤ （いちご － □）　　　　　⑥ （□ － □）

★★★ 最高レベル　　　⏱30分　　　／100　　答え64ページ

1　れおさんと　ゆめさんが　じゃんけん
を　します。〈10点×4〉

 グー　 チョキ　 パー

(1) れおさんが　かちました。2人（ふたり）の　出（だ）しかたを　すべて　かきなさい。

れおさん　ゆめさん　　れおさん　ゆめさん　　れおさん　ゆめさん
（グー － □ ）（ □ － パー）（ □ － □ ）

(2) れおさんが　まけました。2人の　出しかたを　すべて　かきなさ
い。

れおさん　ゆめさん　　れおさん　ゆめさん　　れおさん　ゆめさん
（ □ － □ ）（ □ － □ ）（ □ － □ ）

(3) ひきわけました。2人の　出しかたを　すべて　かきなさい。

れおさん　ゆめさん　　れおさん　ゆめさん　　れおさん　ゆめさん
（ □ － □ ）（ □ － □ ）（ □ － □ ）

(4) 2人の　出しかたの　くみあわせは　ぜんぶで　なんとおり　あり
ますか。

□ とおり

2　右（みぎ）のような　ちずが　あります。ゆ
うとさんの　いえから　としょかんまで
いく　いきかたを　かんがえます。とおま
わりしないで　いく　いきかたは　ぜんぶ
で　なんとおり　ありますか。〈15点〉

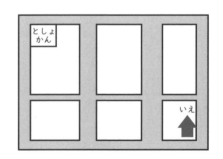

□ とおり

3 さいふに 10円玉が 2まい, 5円玉が 2まい, 1円玉が 9
まい あります。〈5点×6〉

⑩ ⑩ ⑤ ⑤ ① ① ① ① ① ① ① ① ①

(1) 15円を おつりが 出ないように 出します。出しかたは 3とお
り あります。□に あてはまる かずを かきなさい。

① 10円玉 1まいと, 5円玉 ☐ まい

② 10円玉 1まいと, 1円玉 ☐ まい

③ 5円玉 2まいと, 1円玉 ☐ まい

(2) 26円を おつりが 出ないように 出します。出しかたは 3とお
り あります。□に あてはまる かずを かきなさい。

① 10円玉 2まいと, 5円玉 ☐ まい, 1円玉 ☐ まい

② 10円玉 2まいと, 1円玉 ☐ まい

③ 10円玉 1まいと, 5円玉 ☐ まい, 1円玉 ☐ まい

4 さいころを 3かい ふって, 出た 目の かずを たします。
たして 6に なる ときの さいころの 目の くみあわせは ぜん
ぶで なんとおり ありますか。〈15点〉

☐ とおり

25 いろいろな もんだい6

ねらい いろいろな考え方を学び，難しい問題も解ける力をつける。

★ 標準レベル 🕐20分 ／100 答え65ページ

1 5本の さくらの 木が 一れつに ならんで います。
木と 木の あいだに 1本ずつ はたを 立てます。

上の えに はたを かき入れなさい。はたは なん本に なりました
か。〈10点〉

　　　　　本

2 子どもが 7人 一れつに ならんで います。子どもの ぜん
ごに 1人ずつ おとなが 立ちました。

おとなが 立つ ところに ↓を かき入れなさい。おとなは なん
人に なりましたか。〈10点〉

　　　　　人

3 いけの まわりに 木が 6本 立って います。木と 木の
あいだに ベンチが 1つずつ あります。

ベンチが ある ところに ●を かき入れ
なさい。ベンチは いくつ ありますか。〈10点〉

　　　　　つ

4 いま，たいしさんは 7 さい，おとうさんは 37 さい，おじいさんは 67 さいで，3人の たんじょう日は おなじです。

〈(1) 20 点・完答，(2)〜(6) 10 点×5〉

(1) いまから 10年，20年 たった とき，なんさいですか。□に あてはまる かずを かきなさい。

	たいしさん	おとうさん	おじいさん
いま	7 さい	37 さい	67 さい
① 10 年たつと	17 さい	☐ さい	☐ さい
② 20 年たつと	☐ さい	☐ さい	☐ さい

(2) おとうさんが 67 さいに なるのは，いまから なん年 あとですか。

いまから ☐ 年 あと

(3) いまから 2年まえ，3人は それぞれ なんさいでしたか。

たいしさん ☐ さい，おとうさん ☐ さい，おじいさん ☐ さい

(4) たいしさんが 生まれた とき（0 さいの とき），おとうさん，おじいさんは なんさいでしたか。

おとうさん ☐ さい，おじいさん ☐ さい

(5) おとうさんが 生まれた とき（0 さいの とき），おじいさんは なんさいでしたか。

☐ さい

(6) たいしさんが 20 さいに なった とき，おとうさんは なんさいに なって いますか。

☐ さい

1 ガム 1 こと あめ 1 こを かうと 80円です。ガム 1 こだけを かうと 50円です。

あめ 1 この ねだんは なん円ですか。〈15点〉

（しき）

2 チョコレート 1 ことグミ 1 こを かうと, 60円です。チョコレート 1 ことグミ 2 こを かうと 80円です。〈15点×3〉

(1) グミ 1 この ねだんは なん円ですか。

　（しき）

(2) チョコレート 1 この ねだんは なん円ですか。

　（しき）

(3) チョコレート 1 この ねだんで, グミを なんこ かえますか。

3 右の ずのように，●の ご石が ならんで
います。ご石は なんこ ありますか。ずの かんが
えかたに あうように □に かずを かきなさい。

〈10点×4〉

● ● ● ●
●　　　●
●　　　●
● ● ● ●

(1) ア

（しき）4 ＋ 2 ＋ □ ＋ □ ＝ □

　　　↑　　　↑　　　↑　　　↑
　　アの　　イの　　ウの　　エの
　　かず　　かず　　かず　　かず

　　　　　　　　　ご石は □ こ

(2) ア イ エ ウ

（しき）3 ＋ □ ＋ □ ＋ □ ＝ □

　　　↑　　　↑　　　↑　　　↑
　　アの　　イの　　ウの　　エの
　　かず　　かず　　かず　　かず

　　　　　　　　　ご石は □ こ

(3) ア イ ウ エ

（しき）2 ＋ □ ＋ □ ＋ □ ＋ 4 ＝ □

　　　↑　　　↑　　　↑　　　↑　　　↑
　　アの　　イの　　ウの　　エの　　かどの
　　かず　　かず　　かず　　かず　　かず

　　　　　　　　　　　ご石は □ こ

(4) ア→ イ→ ウ↑ エ↑

（しき）4 ＋ □ ＋ □ ＋ □ － 4 ＝ □

　　　↑　　　↑　　　↑　　　↑　　　↑
　　アの　　イの　　ウの　　エの　　かさなった
　　かず　　かず　　かず　　かず　　ところの
　　　　　　　　　　　　　　　　　かず

　　　　　　　　　　　ご石は □ こ

★★★ 最高レベル　　　⏱30分　　　／100　　答え66ページ

1 下の ずのように テープを すこしずつ かさねながら はり
あわせます。テープが かさなった ところを のりしろと いいます。

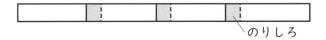

のりしろ

4本の テープを はりあわせた とき，のりしろの ぶぶんは 3
つ できました。〈10点×2〉

(1) 6本の テープを はりあわせた とき，のりしろの ぶぶんは
いくつ できますか。

　つ

(2) テープを なん本か はりあわせると，のりしろの ぶぶんは 21
できました。はりあわせた テープは なん本ですか。

　本

2 いけの まわりに さくらの 木と うめ
の 木を こうごに なるように うえます。

〈10点×3〉

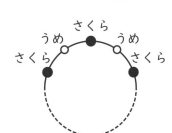

(1) さくらの 木を 8本 うえた とき，うめ
の 木は なん本 いりますか。

　本

(2) うえた さくらの 木と うめの 木の かずには どんな きま
りが ありますか。ことばで かきなさい。

(3) さくらの 木と うめの 木を あわせて 20本 うえる とき，
それぞれ なん本 いりますか。　さくら 　本，うめ 　本

3 Ｉ年まえ，あみさんは ６さい，いもうとは Ｉさい，おとうと
は ３さいでした。いま，３人の 年れいを あわせると，なんさいで
すか。〈10点〉

（しき）

4 あめ ２こと グミ Ｉこを かうと，80円です。あめ ２この
ねだんは グミ Ｉこの ねだんと おなじだそうです。〈10点×3〉

と ● …… ⑩ ⑩ ⑩ ⑩ ⑩ ⑩ ⑩ ⑩

(1) グミだけ かうと，80円で グミは なんこ かえますか。

こ

(2) グミ Ｉこの ねだんは なん円ですか。

円

(3) あめ Ｉこの ねだんは なん円ですか。

円

5 右の ずのように ●の ご石が ならんで
います。なんこ ありますか。ずの かんがえかた
に あうような しきを かいて もとめなさい。

〈10点〉

（しき）

復習テスト⑮　　🕐 25分　　／100　　答え 67ページ

1 □に あてはまる かずを かきなさい。〈7点×4〉

(1) 4 + □ + 1 = 10　　　　(2) 16 − □ + 3=13

(3) □ + 7 + 3 = 100　　　　(4) 9 + □ + 2 = 16

2 いちごが 24こ ありました。そのうち なんこか たべたので, のこりが 10こに なりました。たべた いちごは なんこですか。 ○を つかった ずと しきと こたえを かきなさい。〈12点・完答〉

(ず)

(しき)　　　　　　　　　　　　　　　　　　　　┌─────────┐
　　　　　　　　　　　　　　　　　　　　　　　　└─────────┘

3 みほさんと まいさんが コインを なげる ゲームを 4かい しました。おもては うらに かち, おなじなら ひきわけです。かつ と 10てん, ひきわけで 5てん, まけると 0てんに なります。4 かいまでの てんすうを あわせると, まいさんの ほうが 10てん おおかったそうです。4かい目^めの けっかを 下^{した}の ひょうに かきこ みなさい。〈10点〉

	1かい目	2かい目	3かい目	4かい目
みほさん	うら	おもて	おもて	
まいさん	おもて	おもて	うら	

4 ○と △の ならびかたに きまりが あります。〈10点×2〉

左 ○○△△○○○△△○○○△△○ … 右

(1) どんな ならびかたの きまりが ありますか。

（　　　　　　　　　　　　　　　　　　　　　　　）

(2) 左から 18ばん目の きごうを かきなさい。

（　　　）

5 すごろくを します。2この さいころを
ふって, 出た 目の かずを あわせた ぶん
だけ すすみます。〈10点×2〉

| 1 | 2 | 3 | 4 | 5 | 6 |

(1) ゆめさんは 10だけ すすみました。出た 目の かずの くみ
あわせは 2とおり あります。すべて かきなさい。

（　　）と（　　）,（　　）と（　　）

(2) ねおさんは 10より おおく すすむと ゴールできます。ゴール
できる 目の かずの くみあわせは 2とおり あります。すべ
て かきなさい。

（　　）と（　　）,（　　）と（　　）

6 えんぴつ 1本と けしゴム 1こを かうと, 70円です。え
んぴつ 2本と けしゴム 1こを かうと 100円です。けしゴム
1この ねだんは なん円ですか。〈10点〉

(しき)

（　　　　　　　　）

思考力問題にチャレンジ③

🕐 30分　／100　答え67ページ

1 右の ずの おはじきの かずを，
〇や △の 中に あるか，そとに あ
るかで わけて かぞえます。〈25点×2〉

(1) 下の ずの □に あてはまる か
ずを かきなさい。

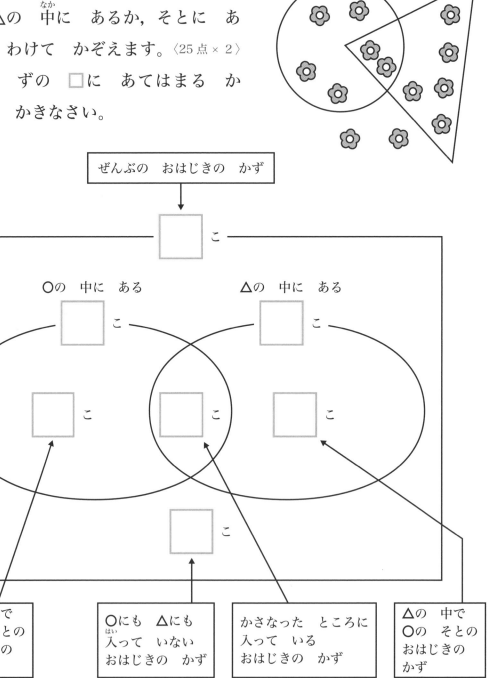

ぜんぶの　おはじきの　かず

　　　　　　　　　　□こ

〇の　中に　ある　　　　　　△の　中に　ある

□こ　　　　　　　　　　　　□こ

□こ　　　　□こ　　　　□こ

　　　　　　□こ

〇の　中で
△の　そとの
おはじきの
かず

〇にも　△にも
入って　いない
おはじきの　かず

かさなった　ところに
入って　いる
おはじきの　かず

△の　中で
〇の　そとの
おはじきの
かず

(2) 下の　ひょうを　かんせいしなさい。

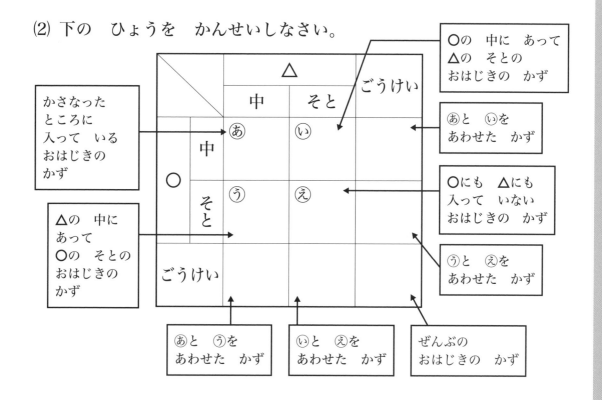

かさなった　ところに　入って　いる　おはじきの　かず

△の　中に　あって　○の　そとの　おはじきの　かず

○の　中に　あって　△の　そとの　おはじきの　かず

あと　いを　あわせた　かず

○にも　△にも　入って　いない　おはじきの　かず

うと　えを　あわせた　かず

あと　うを　あわせた　かず

いと　えを　あわせた　かず

ぜんぶの　おはじきの　かず

2　12この　おはじきを，○や　△の　中に　あるか，そとに　あるかで　わけて　しらべました。○の　中に　6こ，△の　中に　3こ，○にも　△にも　入って　いない　おはじきは　4こです。

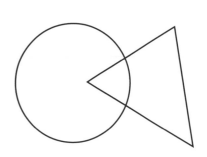

〈25点 × 2〉

(1) 右の　ひょうを　かんせいしなさい。

(2) ○と　△が　かさなった　ところの　おはじきは　なんこですか。

総仕上げテスト①

⏱40分　　/100　答え68ページ

---

1 □に あてはまる かずを かきなさい。〈3点×2〉

(1) 6この みかんを、りくさんと まほさんで おなじ かずずつ わけると、りくさんは ①□こ、まほさんは ②□こに なります。

(2) 9この プリンを、もえさんの ほうが れんさんより 1こ おおく なるように わけると、もえさんは ①□こ、れんさんは ②□こに なります。

2 □に あてはまる かずを かきなさい。〈3点×3〉

(1) | 85 | 90 | 95 | □ | □ | □ |

(2) | □ | 105 | □ | 85 | □ | 65 |

(3) | 100 | □ | □ | 60 | □ | □ |

3 けいさんを しなさい。〈3点×4〉

(1) 3＋4

(2) 2＋6＋2

(3) 10－5－4

(4) 8－6＋7－9

---

4 けいさんを しなさい。〈3点×6〉

(1) 7＋6

(2) 14－8

(3) 5＋9＋4

(4) 11－3＋8

(5) 27＋2

(6) 98－8

5 おりがみを 12まい もって いました。9まい つかった あと、8まい もらいました。おりがみは なんまいに なりましたか。〈7点〉

(しき)

6 バラが 50本 あります。ユリは バラより 10本 すくないそうです。バラと ユリを あわせると なん本に なりますか。〈7点〉

(しき)

裏面へつづく

9 1れつに ならぶ 3つの かずを たすと、どれも こたえが 16に なるように、あいて いる ところに あう かずを かきなさい。〈3点×3〉

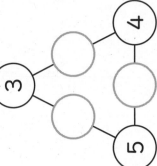

10 ゲームたいかいを しました。とくてんが 見えなく なって います。とくてんが かいて ある ところが あります。てんすうが おおいの は どちらの くみですか。りゆうも かきなさい。〈7点〉

1くみ	2くみ
1 6 1 0 5	

てんすうが おおいのは □ くみ

（りゆう）

11 こうえんに 9人の 子どもが いました。あとから なん人か きたので、みんなで 15人に なりました。あとから きたのは なん人 ですか。○を つかった しきに して こたえ を かきなさい。〈8点〉

（しき）

（こたえ） □

7 とけいを 見て、こたえなさい。〈3点×3〉

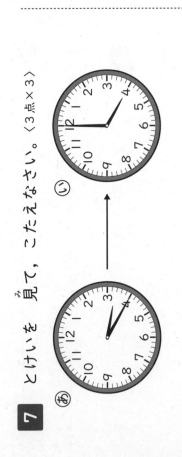

（1）とけいを よみなさい。

あ □　　い □

（2）ながい はりは なん目もり すすみました か。

□ 目もり

8 もんだいに こたえなさい。〈4点×2〉

（1）あわせると 水が おおく 入って いる じゅんに きごうを かきなさい。

 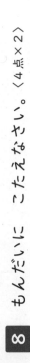 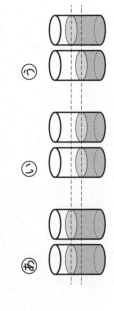

あ　　い　　う

□ → □ → □

（2）いろの ついた ところの ひろい ほうの きごうを かきなさい。

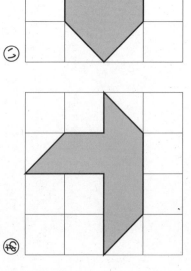

あ　　い

□

総仕上げテスト②

■最高クラス問題集 さんすう 小学1年

⏱40分　／100　答え69ページ

---

1 えを 見て、□に あてはまる かずを かきなさい。〈2点×4〉

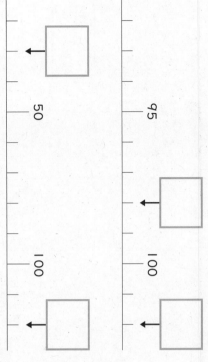

まえ 　うしろ　けんた

人[ひと]は みんなで □人 います。

けんたさんは、まえから □ばん目です。けんたさんの まえに □人、うしろに □人 います。

2 □に あてはまる かずを かきなさい。〈2点×4〉

①　②

95　100

50　100

③　④

3 けいさんを しなさい。〈3点×4〉

(1) 8－4

(2) 4＋6－1

(3) 3－0＋5

(4) 5－2－3＋7

---

4 けいさんを しなさい。〈3点×6〉

(1) 3＋8

(2) 16－7

(3) 4＋7－5

(4) 11＋6－9

(5) 34＋50

(6) 67－6

5 おりがみで かざりを、あやかさんは 5こ、たくみさんは 4こ つくりました。あと 15こに なりますか。〈7点〉

(しき)

6 赤と 白と きいろの 花が あわせて 18本 あります。赤い 花は 6本、白い 花で 8本です。赤い 花と きいろの 花では どちらが なん本 おおいですか。〈7点〉

(しき)

裏面へつづく

9 下のような 6まいの カードが あります。

1 2 3 4 5 6

3まいの カードの かずを たすと、こたえが 12に なる くみあわせを 3とおり かきなさい。〈2点×3〉

( ) □ □ □
( ) □ □ □

10 はじめに クッキーが なんこか ありました。そのうち 11こ たべると、のこりが 7こに なりました。クッキーは はじめに なんこ ありましたか。○を つかった ずと こたえを かきなさい。〈8点〉

(ず)

(しき)

11 ガム 2ことあめ 1こをかうと 80円です。ガム 1ことあめ 2こをかうと 50円です。ガム 1こに、あめ 1この ねだんは なん円ですか。〈8点〉

(しき)

ガム……, あめ……

---

7 8じから 11じまでに 学校で とけいを 4かい 見ました。〈(1)2点×4, (2)2点〉

 あ 10じ
 い 8じはん

 う 9じ5ふん
 え 10じ45ふん

(1) あ〜えの とけいに ながい はりを かきなさい。

(2) 見た じゅんに きごうを かきなさい。

□ → □ → □ → □

8 (1) ながい じゅんに きごうを かきなさい。〈4点×2〉

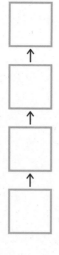
あ い う え

□ → □ → □ → □

(2) かべに そって つみ木を つんで かたちを つくりました。つみ木は なんこ ありますか。

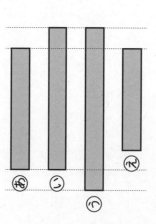

□